中文第一教室

跳出愛的旋渦

孫慧玲 著　　沈立雄 圖

新雅文化事業有限公司
www.sunya.com.hk

中文第一教室

跳出愛的旋渦

作　　者：孫慧玲
繪　　圖：沈立雄
責任編輯：劉慧燕
設計製作：新雅製作部
出　　版：新雅文化事業有限公司
香港筲箕灣耀興道 3 號東匯廣場 9 樓
營銷部電話：（852）2562 0161
客戶服務部電話：（852）2976 6559
傳真：（852）2597 4003
網址：http://www.sunya.com.hk
電郵：marketing@sunya.com.hk
發　　行：香港聯合書刊物流有限公司
香港新界大埔汀麗路 36 號中華商務印刷大廈 3 字樓
電話：（852）2150 2100　傳真：（852）2407 3062
電郵：info@suplogistics.com.hk
印　　刷：中華商務彩色印刷有限公司
香港新界大埔汀麗路36號
版　　次：二〇一一年六月初版
10 9 8 7 6 5 4 3 2 1

ISBN: 978-962-08-5390-6

9/F, Eastern Central Plaza, 3 Yiu Hing Rd., Shau Kei Wan, Hong Kong.
Published and printed in Hong Kong

序一

趙令揚 *香港大學中文系前系主任*

年青的時候，對安徒生的童話十分喜愛，然而，在閱讀外國童話中，最感人的應是王爾德的《快樂王子》。中國作家自「五四」以來，對兒童讀物加以注意的，應為葉紹鈞、夏丏尊、冰心、許地山等著名學者和教育家。他們對兒童讀物的重視，可從當時開明書店所出版的中、小學生讀物中，得到最好的明證。

近五十年來，雖然兒童讀物仍然沒有被人遺忘，但作品內容不是缺乏「童真」，就是太多政治色彩的渲染，這當然有它特別的政治背景，不過也是配合時代的需求。

香港近年來，對兒童讀物也開始重視起來，許多兒童讀物的創作者，一直在默默地耕耘，務求使年幼的一代多獲點點滴滴性靈的灌溉。在為數不多且無私地願意照顧兒童精神食糧的拓荒者中，孫慧玲小姐的筆耕過程，應是最使人感動的。

孫慧玲小姐的作品，沒有血也沒有淚、沒有説教也沒有叮嚀，有的只是慈祥的母愛和絲絲的情感。「溫馨家庭篇」中的〈養鴿啟示錄〉和「愛心校園篇」中的〈小鬼捉鬼記〉，最能道出兒童的天真和調皮的一面。這些故事，一直在我們周圍的環境發生，一直在我們熟悉的場所出現，它代表着平凡的一面，在平凡之中看出它的真理。

在高度重視商業性社會的香港，像孫慧玲小姐仍然不忘對未來國家主人翁的照顧，的確是難能可貴。

一九九五年十一月六日

序二

東瑞 *作家*

為香港兒童文藝協會創辦和策劃多屆「全港兒童寫故事大賽」的孫慧玲小姐終於出版了她第一本兒童文學個人集。

集大學教師、童軍領袖、兒童文藝活動家、組織者、寫作發燒友為一身的孫老師，認識雖沒幾年，但她那種任勞任怨、義無反顧的為青少年服務的精神，那種對創作認真、一絲不苟、謙虛謹慎的態度，給我留下深刻的印象。我既多次領略她任司儀時妙語如珠的口才和幽默風趣的風範，也讀過她不少散篇，但似乎都沒有像讀這本書那樣令我叫絕！

《跳出愛的旋渦》果然精彩萬分！

讀本書的九篇小説，至少會有九次的笑聲，深深體會到孫小姐在讓我們忍俊不禁的背後所煞費的苦心。她應該是十分厭惡於「説教」的，也有意打破兒童文學的一貫程式和悶局，創自己的一條新路。她的最出色表現，看來不在題材，而是在敘述語氣、敘述語言，平日爽朗聰明的她，用了一種生動、活潑、調皮、純真的語言來講她的故事，可謂頗為成功。而這份成功，來自她對家庭生活的熱愛和對校園生活、學生心理的熟悉和把握。她的寫法，真讓我大開眼界！

〈狼狗的爪與媽媽的手〉，讓小主人公處在「野外屙屎又遇大狼狗襲擊」的危險情景中，在緊張惹笑中完成嚴肅的母愛主題；〈我愛光頭仔〉純以孩子的視角看周遭事物，巧妙刻劃兒童嫉妒和純真心理；〈雨衣怪客〉也寫得極有氣氛和懸念，讀者不但被緊緊吸引，非一口氣卒讀不可，更妙的是，讀者也會被她引領到對小説內涵深層次的思考；〈養鴿啟示錄〉對動物世界的細緻觀察和描寫，發人深省，是一篇應該得獎的佳作。

孫老師不僅善於講故事，且有着使故事不流於膚淺的本領。這一切全憑賴她對故事節奏的藝術控制。像〈小鬼捉鬼記〉、〈跟蹤〉都很逼真地刻劃出青少年天真無邪、活潑調皮的一面。性格、心理、布局、情節都糅為一體，體現了作者對兒童趣味的把握，寫得很嫻熟。

我最喜歡的是〈跳出愛的旋渦〉，全文運用不少短句取勝，以自白、意識流手法刻劃情竇初開的女孩，語言極富節奏感和音樂美，開創了香港兒童文學創作的新面，在形式上有所突破，令人驚喜。這是孫慧玲一次成功的實驗！

我敢肯定：大小讀者一捧起此書，一定捨不得放下來！

一九九五年十二月三日

自序

孫慧玲

有什麼比親近兒童，為兒童服務，為兒童創作等事更使人開心，更使人保持青春活力的？我敢說：沒有！

在人生中遇到任何煩惱，在工作上碰到任何困難的時候，請嘗試到兒童羣中去，去感受一下他們的天真開朗、活潑創意和反斗頑皮，你將會煩惱盡去，活力驟添，勇氣大增——這就是我為什麼二十多年來樂此不疲地為兒童講故事，為兒童寫作，主持童軍集會和參與籌辦各樣兒童活動的原因！

從事兒童文學寫作多年，每個故事，每篇文章，都是得到兒童的慷慨相助而完成的。因為我用真的心關心兒童，為他們的喜而喜，為他們的悲而悲，他們每每自動地獻上一個又一個充滿童真童趣的故事；因為我用善的態度對待兒童，我便發覺他們的一切行為都是可愛的，可理解的，可容忍的；因為我用美的眼光觀察兒童，結果我欣賞到無數的詩情美意，在在都是下筆的好題材。

創作兒童故事，我從來沒有題材匱乏的困難，但兒童

的神情、心態並不容易捕捉、表達，所以我總得懷着一顆戰戰兢兢的心去觀察、去了解、去掌握、去為我們可親可愛可敬的下一代作出真確的刻劃。

這本結集的出版，我要衷心多謝香港大學中文系前系主任趙令揚教授，由於這位我敬愛的老師和上司的鼓勵，使我靈感湧現，一揮而就，在短短三周內完成了九篇故事的創作和整理。他更在百忙中為我提筆賜序，使這本小書添上華彩。

這本《跳出愛的旋渦》故事集，是我創作生涯中第一本個人結集，初由獲益出版事業有限公司出版，黃東濤先生撰寫賞析，旋即入選第四屆香港中文文學雙年獎推薦作品，證明了它的吸引和成功，得到讚賞和支持。

今次幸得新雅文化事業有限公司邀請重新修訂，編輯出版，十分感謝新雅何小書小姐和甄艷慈小姐對我的信任，在初版的十多年後為我再重新編輯出版這本結集，讓它能夠以嶄新的面貌再呈現讀者眼前。

二〇一一年五月

目錄

溫馨家庭篇

狼狗的爪與媽媽的手

爸媽大不同

爸爸在相距二十呎外的小山坡上揮手呼喊着，讓我們知道他的所在。我也起勁地向爸爸招手，示意他等等我。剛才如果不是停下來喝水，我早已和爸爸同步前進，還會落後這二十呎嗎？！

爸爸生得高大英俊，兩腿邁開，站在山坡上，陽光從他的背後射來，更顯得他英偉不凡。我從小就最崇拜爸爸，他學識豐富，為人爽朗，從不囉嗦我這樣那樣。他更是運動健將，行山、打球、游泳、駕風帆……樣樣皆能。難得的是他精通電器，家中的電腦、電視、音響、電燈，甚至廚房的雪櫃、焗爐、洗衣機……任何一樣電器損壞，一經他的手，便修理妥當，媽媽常說，正因他一雙神奇的手，那座洗衣機竟然用了十八年之久！

媽媽呢，生得嬌小柔弱，雖然學歷也不低，但運動項目，卻沒有一樣及得上爸爸。打球麼，永遠輸給爸爸；游

泳、行山麼，更是慢吞吞的一個。其實，我也不是看不起她什麼，我只是不喜歡她的囉嗦長氣，一會兒說我吃飯速度慢，浪費時間；一會兒又說我做功課不專心，成績不理想；更討厭的是她專橫無理，天微涼便要我加衣，下微雨便迫我帶傘！我今年十二歲了，六年級大男生，在學校裏讀最高班，卻被她「壓迫」得像個小女人，更悲慘的是被同學取笑我是「裙腳仔」！換了是你，生氣不生氣？

人有三急

想到這 ，不知是不是因為滿肚子氣，忽然響屁不止，肚子還抽搐[①]起來！糟了！我知道自己要拉肚子了，哎，廁所呢？廁所呢？我急得團團轉，要找廁所，唉！在這荒山野嶺，又哪裏會有廁所呢？啊！爸爸不是說過前面有個村落嗎？

忍耐、忍耐、忍、忍、忍……

哎喲！哎喲！不行了，要拉啦，要拉啦……

這時，媽媽剛好趕到，見我左腿疊右腿，夾着褲管的樣子，立即會心微笑，二話不說，迅速地從背囊中抽出

一疊報紙和一個膠袋，提議我到灌木叢後面解決。她自己呢，不用請求，不用提醒，自動自覺地站在路邊替我把風。

「噢！好舒服！」我舒了口氣，站起來，穿好褲子，拍拍手便想離開，怎知媽媽一個叱喝：

「慢着！這樣便想走麼？先收拾乾淨。做人怎可以這樣缺公德心的呢？」

「哼！公德心，公德心，誰不知道做人要有公德心！但這是郊外嘛，垃圾桶不見一個，叫我收拾到哪兒呢？哪有人像她這樣死板，不知變通的？！」我不服氣地嘀咕着，一邊埋怨媽媽待人苛刻，一邊無可奈何地收拾好報紙和膠袋，提着那袋「東西」四處找垃圾桶。

就在這又臭又穢又狼狽的情況下，我的耳邊忽然響起了幾聲狂吠，猛抬頭，一團黑影已竄將過來。

嘩！大狼狗！

一隻黑色的，是全身黑色的大狼狗！正飛身向我撲上來！

我嚇得目瞪口呆，雙腿顫抖，不知所措，雙手則本能地往前亂掃，膠袋連裹面的東西便脫手向對方飛去。

在這千鈞一髮之際，我只覺得身體被一股大力往後

拉去，接着，只見人影一飄，有人倏地[2] 擋在我的前面，這時，大狼狗剛好撲到，把一雙前腳擱在那人肩上，好傢伙！站起來比那個人還要高！

大狼狗帶着滿臉的糞便，對着她狠皺眉頭，目露兇光，先是齜牙咧嘴，繼而張大嘴巴，露出尖銳恐怖帶濁黃的陰森森的犬牙，還伸出舌頭，大力地噴着氣，噴得那人滿臉、滿胸都是唾液。那大狼狗的口氣，加上我的排洩物，實在，實在臭不可當！

哎！可不就是媽媽？！

媽媽身處險境，身無寸鐵，臉色刷白，被嚇得目瞪口呆，全身震顫，一動也不能動。

我急得扯大嗓門哭叫起來：「救命呀！救命呀！」

我的心中多希望高大英偉威武不凡的爸爸，能夠像鐵甲威龍超人蝙蝠俠蜘蛛俠特警隊恐龍戰鬥隊龍珠悟空般出現，可惜他沒有……

「旺財！過來！」一位叔叔從樹叢中走出來，大聲呼喝道。

那隻大狼狗卻充耳不聞，繼續向着媽媽張大口噴氣。我看見眼淚已在媽媽的眼眶中滾動，我自己呢，早已哭聲

震天了。

「旺財！還不過來！」叔叔厲聲吆喝。

此時，大狼狗才悻悻然[③] 地將豎起的尾巴放軟下來，再用一隻前爪在媽媽肩上作勢抓扒幾下，然後才慢條斯理地將一雙巨掌從媽媽肩上抽回去，他這幾下動作，嚇得我肚子又想痙攣[④] 起來。

「你沒事吧？對不起，把你嚇着了。」村民叔叔一邊叱喝他的大狼狗，一邊慰問媽媽，但媽媽已被嚇得魂飛魄散，臉青唇白，雙唇打顫，呆立當場，不知反應，我撲上去，將她摟着，她全身顫抖，牙關響扣，我死命地搖着她叫道：「媽媽！媽媽！」

村民叔叔大概覺得媽媽會沒事吧，喝叱着他的大狼狗走了，留下顫抖不停的母子倆，羣山寂寂，青草蔓蔓，我忽然有一種從未有過的，很淒涼、很淒涼的感覺，眼淚不受控制地滂滂淌下[⑤]。

身手矯捷，高大威猛的爸爸，您在哪裏？

嬌弱勇敢，冒險相救的媽媽，您怎麼了？

好久，好久，媽媽驚魂甫定，一定過神來，一邊擦目拭淚，一邊忙着柔聲安慰我說：「小聰，你沒事便好了！

乖，媽媽在，不用怕。」

哭泣的男孩

我的眼淚更不受控制地簌簌[6] 掉下來，許久了，我沒有再在媽媽面前撒過嬌哭過，這時，我不顧一切，撲到媽媽懷裏，傻了似的，邊哭邊笑邊說：

「媽媽，我沒事。」

「媽媽，您真勇敢。」

「媽媽，我愛您！」

「你這傻孩子，媽媽，媽媽的直叫，叫得我心也慌了。來，我們趕快找爸爸去。」

媽媽拖着我的手，母子倆望着那邊撒在地上的一堆堆……哈哈，沒法啦，就讓它溶到大自然的泥土去吧。

這時，爸爸在遠處出現了，招手叫我：

「小聰，快過來，看看我捉到什麼！」

「不！我要和媽媽一起，您等等吧！」我拖着媽媽的手說。多少年了，我已經沒有拖過這隻熟悉的、溫暖的、愛我的手！

字詞解釋

①**抽搐**：肌肉不由自主地收縮、抖動。搐，讀音「畜」。

②**倏地**：極快地，迅速地。倏，讀音「叔」。注意右下角是「犬」字。

③**悻悻然**：形容怨恨、發怒、不忿的樣子。悻，讀音「幸」。

④**痙攣**：一種神經性疾病，患者手腳顫動，筋肉抽搐，或全身挺直，俗稱「抽筋」。此處借用作「抽搐」解。讀音「競聯」。

⑤**涔涔淌下**：形容雨水或汗水、淚水不停地流下來。涔，讀音「岑」；淌，讀音「倘」。

⑥**簌簌**：紛紛落下的樣子。讀音「促促」。

孫老師悅讀小貼士

閱讀，最重要是理解。作者在故事中塑造了人物，通過人物的遭遇、反應和對話反映他們的性格和轉變，從而表達主題。所以能了解作者塑造的人物，便能夠掌握故事的主題。

閱讀理解練習

（一）試在文中各找出一件事例説明：

1. 媽媽的善解人意——

2. 媽媽對小聰的愛——

3. 小聰對媽媽態度的改變——

（二）試在文中找出描寫下列各項的四字詞語：

1. 爸爸的優點——

2. 媽媽的缺點——

3. 小聰遇襲的驚恐反應——

（三） 試為以下四格漫畫寫上説明文字：

我愛光頭仔

小弟弟真討厭

「哇！哇！哇！」

小弟弟討厭的哭聲又響起來了，吵得人沒一刻安寧，每天放學回家，耳中就充斥着他哭喊的聲音。已一歲半的人兒了，還是餓又哭，渴又哭，睏又哭，醒又哭，濕又哭，熱又哭，簡直吵得人心煩意亂！家中地方狹小，睡覺、工作、讀書、吃飯都在這一丁點的空間，我還可以躲到哪兒去？

唉！明天測驗，那些課文，已記得我頭昏腦脹！我好端端的正在用心溫習，這小鬼頭就哭起來，本來正在廚房忙碌着的媽媽，一聽見他的哭聲，便會立即丟下工作，走出來抱起他，又搖又哄的。

我斜着眼瞥[①]着一切，陣陣酸意不禁泛上心頭，我不開心，我遇到困難，媽媽何曾這樣緊張，摟我哄我？有時我呼喚她幫忙點什麼，她也總是推搪的說：「你不見麼？

我沒空！」可是弟弟呢，他一哭，媽媽便放下手中的一切去看顧他。最惱人的是媽媽總愛偏袒弟弟！上學年，她說我考試成績好，買了部我渴望已久的電子遊戲機 Play Station 送給我。那天，我正玩得興致勃勃，小鬼卻伸手來搶，我當然不肯遷就，小鬼便拉開嗓門，肆意地哭叫起來，正在發電郵給爸爸的媽媽，一心想息事寧人，很不耐煩地要我讓他，我不肯就範，還嘰哩咕嚕的說了一大堆不服氣的說話，結果惹怒了媽媽，拍起桌子向我大罵，我氣得哭起來。媽媽見我哭，罵得就更兇，更將我的遊戲機沒收。那可惡的小鬼呢，這時反而不哭了，瞪大了眼睛，看着我受罪！

晚上，媽媽將遊戲機還給我，溫言婉語地勸戒我要愛護弟弟，她說爸爸在外地工作，她的壓力很大，實在不願意看見我常常為一丁點小事跟不懂事的弟弟嘔氣。可是，媽媽，您要知道，遊戲機是您獎給我的禮物，已送給我的東西，又為什麼要我讓出來？而且弟弟根本不懂得玩遊戲機啊！媽媽，您為什麼也不教教弟弟不要搶一些不適合他的玩具呢？還有，媽媽，遊戲機跌在地上會損壞，我怎麼放心讓弟弟把玩呢？

那天，我獨個兒哭了許久，媽媽卻像全不知情似的，她根本就沒有將我這個十歲的女兒放在心上！我失望，失望媽媽對我的忽略和對弟弟的偏袒；我嫉忌，嫉忌弟弟奪去了媽媽對我的關懷和愛！我恨極了，乘媽媽不察覺，悄悄地走進廚房，將一小滴辣椒油塗在小鬼頭的奶嘴上，「哼！一會兒你啜奶嘴，有你好受的！」我不忿地想。

開心快樂天

今天放假，意外地，媽媽竟然提議去泳池游泳，我開心極了，自從半年前爸爸去了大陸工作後，媽媽便沒有帶我們出外玩耍，今天難得媽媽有空，天氣又熱得難受，能跳進水中暢玩，是多麼好的享受啊！

池中，小弟弟圈着泳具，兩眼笑得瞇成一線，伸出胖胖的小手撥起水珠，胖嘟嘟的小腿踢呀踢的，嘴中還不時發出「嘻嘻」、「哈哈」的清脆笑聲。

唉！這小不點又實在趣緻可愛，我以前雖然惱他，但現在看見他這小天使般的模樣，也禁不住捏② 他一把，吻他一下，小東西竟然兩手一伸，向我撲來，叫道：「姐姐，抱抱。」我被他逗得樂極了，摟着他在水中團團轉，菊花園……

慘劇的發生

黃昏，大家都玩得很累了，媽媽替弟弟抹乾了身子，然後用揹帶背起他，我在低頭收拾衣物，忽然，「砰」的

一聲巨響，地亦隨之一震，接着是一陣驚心動魄的哭聲，抬眼一看，媽媽背上的揹帶空空如也，弟弟則跌臥在泳池邊，後腦着地，哭青了臉，只見媽媽驚惶失措地俯身抱起他，拍着他的背安慰他，弟弟「哇！哇！」的哭了數聲，忽然不哭了，再看，奇怪，竟沉沉地睡去了。

池邊的泳客，聽見「隆」聲巨響，都紛紛停下腳步，定睛地望着我們；在水中的泳客也伸長脖子看熱鬧。沒有人來慰問一句，也沒有人表示可以伸出援手，連坐在池邊的救生員亦懶洋洋的一副愛理不理的神態。我拖着驚魂未定的媽媽的手，默默地離開。第一次，我覺得我們一家人是這樣的親近。

回到家中，弟弟仍然沉睡未醒，家中出奇地寧靜，沒有弟弟的騷擾，我還可以和媽媽一邊吃飯，一邊聊天，我們許久沒有這樣親密了，我感到無以名狀[3]的愉快。

晚飯後，我在燈下做功課，屋中一點聲音也沒有，我反而有點不習慣，還奇怪地記掛着小傢伙。最後，我終於按捺不住[4]，去輕搖熟睡中的他，咦，怎麼沒反應？我搔癢他的腳板底，噢，怎地仍然沒反應？我於是大力地推

他，糟糕！還是沒有反應。我立即大聲呼喚媽媽。媽媽見弟弟的嘴唇變黑，心知不妙，眼眶兒倏地紅了，立即抱起弟弟，趕送醫院，出門前在身後拋下幾句話：

「留在家中，小心門戶，我們一會兒便回來。」

獨自在家中

我獨自一個人在家，做完了功課，玩完了遊戲機，看過了電視，媽媽和弟弟仍然未回來，屋中的大鐘「叮噹！叮噹！」響了十二下，對面大廈的電燈一戶一戶的熄滅，大廈變成黑黝黝的龐然怪物，我不期然地打了個冷顫，燈也不熄，跳上牀去，用被子蓋着頭。媽媽不是說很快便會回來嗎？為什麼這麼晚了仍然不見人？連電話也沒一個？我撥她的手提電話也不接聽？

朦朦朧朧中我睡着了，半夜，發了一個噩夢，夢見一隻青面綠眼獠牙長髮的魔鬼要來抱走弟弟，弟弟「哇哇」的大哭，我死命的拉着他的腿，大叫：「不要！不要！」然後，我從噩夢中驚醒，只見屋中四面灰白白的牆，燈沒有熄滅，牆上映着我孤伶伶的影子，媽媽仍然未回來，我

瑟縮在牀角，用被蓋着頭，害怕得啜泣起來。

好不容易熬到天亮，我從未試過這樣擔心弟弟，惦念媽媽。這時，電話響了，那邊傳來媽媽嗚咽的聲音，叫我自己穿校服，小姨會買來早餐，和送我上學去。我知道一定是弟弟出了事，媽媽才不能回家，但我又不知道該說些什麼話安慰她，只是抓着電話筒哭起來……

這一天，我那是上課？我忐忑不安[5]，失魂落魄，心中像十五隻吊桶般七上八落，雙手不停地搓着裙子的兩角，每想到弟弟，鼻子一酸，眼眶一熱，眼淚就要掉下來，我緊握着拳頭強忍着，我不要同學發現！我不要老師知道！

放學回家，見媽媽已經回來，正在收拾一些衣物和日用品，一邊收拾一邊淌淚，才一晚嘛，媽媽已眼眶深陷，眼皮浮腫如核桃，愁眉緊鎖，見我回來，低聲地告訴我說：「弟弟要留院觀察，可能過幾天才能回家，這幾天我要在醫院陪伴他。」

親愛的天父

這時，小姨預備了午飯，媽媽當然食不下咽，匆匆

忙忙地走了。對着飯菜，我也毫無胃口，淚珠兒總在眼眶中打轉，腦海中老浮現小弟弟可愛的憨態。打開功課簿，豆大的淚珠便直淌下來，和簿上的字融成模糊的一片，想不到，弟弟不在，我竟然自己弄污了功課簿！我驟然放下筆，走到窗前，「噗」的一聲跪下來，第一次這樣誠心地合起掌來，對天禱告：

「天父，請您保佑弟弟平安吧！」

聽人家說，幸運星可以帶來幸運，我拿出手工紙，彩色的，是班主任獎給我的，我一直藏着，捨不得用，現在，我便用來摺幸運星，每摺一顆，許一個願：

「弟弟，我希望你平安無事，快快回家吧！」

「弟弟，我不再罵你弄污我的功課簿了！」

「弟弟，我以後不會再給你啜辣椒油了！」

「弟弟，我不再笑你撒尿尿了！」

「弟弟，我讓遊戲機給你玩吧！」

「弟弟，只要你平安回家，什麼都可以了！」

「弟弟，……」

噢！光頭仔！

第二天晚上，媽媽回來，還買來我最喜愛吃的黑森林忌廉蛋糕，告訴我弟弟已渡過危險期了，真是謝天謝地！媽媽還多謝我機警，及早發覺弟弟出事，更讚我懂事，在家中發生事故時給了她最大的幫助和精神支持。我給她讚得滿心歡喜，樂不可支。

知道弟弟平安，我高興得跳起來，走到窗前，合掌祈禱，多謝天父。

這時，媽媽從身後緊緊的摟着我，我感動得熱淚盈眶，回過頭來凝望媽媽，原來她也不能自已，熱淚盈眸，我們互相擁抱着，媽媽吻着我的臉，我的頭髮，我現在才知道，原來媽媽仍然是這樣愛我；我和媽媽，原來是這樣的心連心。

好不容易，熬到星期六，大清早，我帶着幸運星，和媽媽到醫院去看弟弟，弟弟被剃光了頭，頭上纏着繃帶，像極了日本仔，更添幾分趣怪與得意，小東西一看見我們，在 BB 牀上手舞足蹈，大叫大嚷：

「姐姐！媽媽！」

噯！我愛光頭仔！

字詞解釋

①**瞥**：很快地大略看一下，讀音「撇」。

②**捏**：用手指頭夾緊的動作，讀音「聶」。

③**無以名狀**：難以形容的意思。

④**按捺不住**：忍耐不住的意思。捺，讀音如筆劃中「撇捺」的「捺」。

⑤**忐忑不安**：心神不定，情緒不安穩。忐忑，讀音「坦剔」。

孫老師悅讀小貼士

要從閱讀中得益，便不能疏忽細節。觀察作者如何鋪排細節，感動讀者，例如人物表情、情緒、心理的微妙變化等，並嘗試模仿此等手法，你便能學到寫作技巧。

閱讀理解練習

（一）文中多次描述主角「我」的哭泣，每次有什麼不同？試仔細閱讀原文，然後填寫下表。

第一次哭泣

哭泣的原因（用自己文字説明）	哭泣的情形（抄下原文句子）

↓

第二次哭泣

哭泣的原因（用自己文字説明）	哭泣的情形（抄下原文句子）

↓

第三次哭泣

哭泣的原因（用自己文字說明）	哭泣的情形（抄下原文句子）

↓

第四次哭泣

哭泣的原因（用自己文字說明）	哭泣的情形（抄下原文句子）

↓

第五次哭泣

哭泣的原因（用自己文字說明）	哭泣的情形（抄下原文句子）

↓

第六次哭泣

哭泣的原因（用自己文字説明）	哭泣的情形（抄下原文句子）

第七次哭泣

哭泣的原因（用自己文字説明）	哭泣的情形（抄下原文句子）

（二）試把錯別字圈出來，並在括號內寫上正確的字。

1. 地方陝小　　（　　）
2. 頭昏腦漲　　（　　）
3. 偏怛弟弟　　（　　）
4. 慍言勸戒　　（　　）
5. 無以明狀　　（　　）

（三）你有弟妹麼？請試試口述一件足以反映你的弟妹可愛或可惡的事。（口述時須注意聲量、聲調、語速、表情、動作等技巧。）

項目		摘星數目 （每部分滿分為 5 粒星）
內容	1. 有沒有重點？ 2. 有趣嗎？	
組織	1. 有頭有尾嗎？ 2. 能交代清楚嗎？	
技巧	1. 聲量足夠嗎？ 2. 聲調有變化嗎？ 3. 語速快慢可以嗎？ 4. 有沒有表情動作配合？	
總成績		/15 粒星

BMX 單車縱橫記

我愛 BMX

宇軒今年十二歲，是家中獨子。平日放學回家，做完了功課，總喜歡帶着那輛心愛的 BMX 單車，到樓下一顯身手。

他那輛 BMX，兩個輪子，一個紅色，一個綠色，色彩奪目；車身漆黑，用不同顏色的熒光劑塗上 BMX 幾個大字，還貼上許多不同圖案的閃光貼紙；車頭前端的一個 BMX 金漆招牌，更塗上閃電的紋彩，的確夠「潮」。宇軒這輛 BMX 單車，說它美輪美奐① 也不過分，它叫擁有者覺得威風八面！

單車還有「波」的呢。「波」，就即是「齒輪傳動裝置」，只要調校合適的「波度」，這輛單車，可以上山，也可以下坡。爸媽為了宇軒的安全，還給他買了一個騎單車專用的頭盔。戴上熒光黃色頭盔，穿上黑色單車運動套裝，腳蹬黑面白帶名廠波鞋，手罩黑色網紋軟皮手套，宇

軒覺得自己就像一個「鐵騎士」般威風凜凜。哈！簡直人如其名，宇軒——氣宇軒昂，吸引每個人的注目。

住所樓下，是寬敞的平台，部分[2] 地方設有滑梯、搖搖板、攀架及旋轉架等活動設施。每天黃昏，住在大廈內的許多小朋友，都會在傭人或老人家的陪同下到平台來玩。小不點被大人扶着坐搖搖板；孩子們有的跑跑跳跳，你追我逐，有的玩滑梯盪鞦韆；少年們則愛攀鋼架和玩旋轉架，攀鋼架的，攀到架頂，會來一個頭下腳上倒豎蔥；玩旋轉架的，就要玩一個天旋地轉，看得旁人提心吊膽。除了這建有設施的一角地方外，平台其實還有闊大的空間，供人散步、打拳，或從事各式各樣的活動——當然，有些活動是受限制的。

叛逆少年

這天，宇軒剛考完大考，實在需要舒展一下悶氣，所以特意穿上全副「武裝」，帶同他的BMX鐵馬，到平台去。可是，有一件事，令宇軒快快[3] 不快的，就是平台牆上有一塊木板，斗大的字，清楚分明地寫道：

1. 不准踢足球

2. 不准玩滑板

3. 不准騎單車

討厭！踢足球，左旋右踢，好不暢快嘛！

玩滑板，左扭右轉，八面威風呀！

騎單車，風馳電掣，問誰與爭鋒？！

對這三條勞什子規矩，宇軒沒一條看得上眼，甚至覺得多餘。所以，許多時候，他故意帶個足球到平台去，出勁一踢，讓球朝這列明三大規則的木板撞去，把它撞個「砰」然巨響，最好就是令它隨地身亡！這時，大廈管理員當然會聞聲趕來，宇軒卻早已帶着他的足球躲得無影無蹤了。這遊戲好玩麼？當然好玩，它完全滿足宇軒尋求刺激，要引人注意的反叛心理。

這天，宇軒又明知故犯地在平台上表演單車技術了。他有時整個人離座，雙手緊持把手站在座椅上；有時急剎車，使剎掣的叉臂壓在車輪的邊緣上，車輪與地面產生劇烈摩擦，嘎嘎作響，嚇得人人側目；有時急轉彎，使車身傾側而不倒，令旁觀者發出驚歎，還為他捏一把汗；有時意猶未盡，頑皮心一起，更會以全速姿態衝向小朋友羣中，

引起孩子們恐慌驚叫，大人們怒聲呵斥……這時，宇軒便會感到十分快意，還撇着嘴不屑地說：「大驚小怪！」

一次、二次、三次，宇軒在人羣中穿插。第四次，他正風馳電掣地衝向滑梯旁，突然，他瞥見前面滑梯轉角處正走出一個大約只有兩歲的幼童，是個女孩子，胖嘟嘟的，步履不穩，伸出雙手，邊走邊笑嘻嘻，那種可愛，那種天真，實在人見人愛。可是，這時候，宇軒邪惡的單車車頭卻對準了她！

出事了！

宇軒頑皮、好刺激，但心地絕不壞，他一見那幼童，即時反應是試圖扭軚——但太遲了——單車在幼童的右邊擦身而過，毫無自我保護、閃避能力的幼童被撞倒地上，

面下背上，哇哇大哭。宇軒的單車，由於扭轉得太急太盡，也向一邊滑倒，宇軒做了滾地葫蘆，頭撞在旋轉板上，腿被自己的單車壓着。由於他戴了頭盔，頭雖然撞得有點痛，可幸沒什麼大礙，腿也沒折斷。周遭的大人當然沒一個關心他有沒有受傷，反而都像被他撞倒般紛紛指着他大罵，罵他不顧他人，罵他不守規矩，罵他以大欺小……

宇軒一心以單車和單車技術炫耀，今次卻闖出禍來，可說是絕不光彩的事。他低着頭，漲紅了臉，不敢抬眼望任何人，匆匆忙忙的扶起他的 BMX，狼狽地離開，留下身後不絕的責罵和議論，他還隱約的聽見有人說：

「認住他，他是住在十一樓 E 座的，你的孩子有事，便找他的父母去……」有人對幼童的媽媽說。

噩夢纏身

整個晚上，宇軒變得很神經質，電話一響，他立即屏息細聽；門鈴一響，他更整個人像觸電般彈躍起來。晚上上牀，一閉上眼便是那個小女孩被單車撞倒，哇哇大哭的情景；連睡着做夢，他也連連叫道：「不要罵我！我知

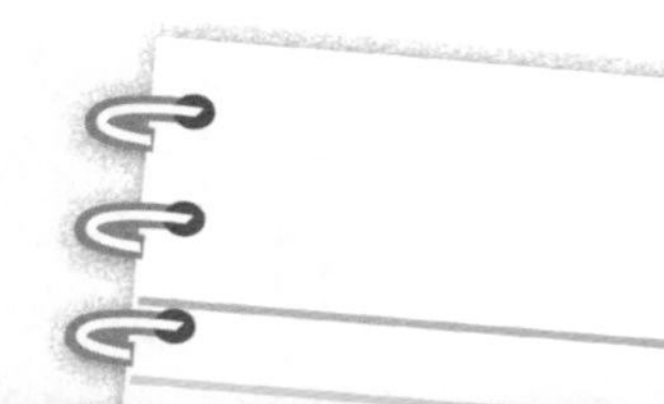

錯了！」朦朦朧朧中，他甚至夢見自己被一架巨大無比的BMX撞倒、輾過，壓住了再輾過再壓住，使他痛極而哭……

第二天早上，媽媽追問他為什麼整夜睡不安寧，宇軒本來想隱瞞自己做的「好事」，但害怕與內疚的夢魘又纏得他心神不安，他只好硬着頭皮，一五一十道出真相，心想自己闖下大禍，不受重罰才怪。今回可有好受的！

他的爸爸媽媽聽後，果然雙雙臉色一沉，默不作聲，宇軒此時，內心的煎熬④，比被大聲斥罵更難受。好一會兒，媽媽才開腔道：

「因自己不守規矩，傷害了別人，尤其是這麼一個弱小的孩子，實在罪無可恕，但看你昨晚和今早的表現，足見你深深知錯。你雖然頑皮，還幸心地善良。這樣吧，今天待我們下班回來，一起去探望這位小朋友，登門謝罪好了。」

黃昏，宇軒在爸爸媽媽的陪同下，拿了一束鮮花，抱着一個玩具熊，去按人家的門鈴……

字詞解釋

①**美輪美奐**：語出《禮記》。形容居室的宏大華麗。輪：高大；奐：眾多。這裏形容單車的華麗奪目。

②**部分**：「份」、「分」在應用時容易混淆，宜加注意。「份」有三個意義：1. 整體的一部分，如每人一「份」；2. 量詞，如一份報紙；3. 表示單位，如「省份」、「年份」、「月份」。除此之外，其他情況一般要寫為「分」，如本分、充分、過分、安分等。但「部分」、「股分」、「身分」也可以寫作「份」。

③**怏怏**：不滿意、不高興的意思。讀音「央」〔jœŋ²〕。

④**煎熬**：比喻受折磨，也作熬煎。

孫老師悅讀小貼士

從事件中了解人，從故事中得到啟發，用於生活，是閱讀的最大好處。理解故事中人物的行為，掌握這些行為的結果，分析這結果對他人是造成有益或是有害的影響，作為日常生活的參考，這樣，便能從閱讀中得到品格的提升。

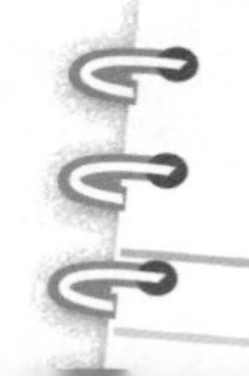

閱讀理解練習

（一）從哪些事可以看到宇軒下列的性格特點？

1. 不守規則——

____

____

____

____

____

2. 愛好刺激——

____

____

____

____

____

3. 心地不壞——

____

____

____

____

____

（二）作者用了哪些四字詞語來描述宇軒下列各方面的表現？

1. 騎單車的姿態：________________

2. 騎單車的速度：________________

3. 踢足球的動作：________________

4. 玩滑板的動作：________________

5. 自大的心理：__________________

6. 內疚的心情：__________________

（三）你曾經做過什麼使他人受傷的事嗎？試寫日記一則，記述事件的始末與及你當時的反應和作出的補救。

養鴿啟示錄

發現

「爸爸，媽媽，快來看啊，兩隻紫色的鴿子！」茵茵站在窗前的小几上，雙手抓住了牢固的窗花，興奮地呼喊爸媽。

原來，窗外花架上種的一盆萬年青，大大的葉子下，來了一雙胖胖的鴿子，牠們身上的毛，主要是紫藍色的，頸項間雜了一圈閃亮的紅色，翼尖則裹着雪白色的羽毛。純白的、純黑的、灰斑的鴿子，茵茵都見過，就是沒有見過紫藍色的。

這對鴿子擺動着小而圓的頭，有時伸長脖子，眼睛機靈靈的四處張望；有時又縮起那短短的頸項，懶慵慵的啄撥羽毛。茵茵發覺，每天大清早，牠們便會雙雙飛走，直至傍晚才回來，然後依偎着身子把頭埋在翅膀下，在萬年青葉子的蔭護下尋夢去了。牠們的生活真有規律，也挺寫意。

詭計

有一天，這對鴿子開始銜來一些小樹枝和泥土，在盆中築起巢來！

後來，又有一天，身體較細小的一隻不飛出去覓食了，另外一隻，則奔波來回送食物，然後雄赳赳的守護在花盆邊，一雙眼睛，還不時瞄[①]着屋裏的人，神情可緊張呢！

「噢，看來鴿媽媽下蛋了。」爸爸摟着茵茵，父女倆頭並頭的伏在窗台上觀察着「異類鄰居」。

「牠是不是要生許多蛋呢？」茵茵最喜歡吃蛋，當然關心這個問題。

「不，鴿子生蛋，通常每次兩枚，產下第一枚後，要隔一、兩天才下第二枚。然後由雌雄二隻鴿子輪流孵蛋。」

就在這時，鴿子轉「更」了。較大的雄鴿飛回來，輪到較小的雌鴿外出覓食，茵茵和爸爸同時看見巢中多添了兩枚鴿蛋！頭圓圓，尾尖尖，挺可愛的。

茵茵溜着大眼睛，心中有個鬼主意。

這天下午，較兇惡威猛的鴿爸爸外出覓食去了，鴿媽

媽坐在葉蔭下打瞌睡孵蛋，茵茵躡手躡足[2] 走到窗前，伸出手想輕輕地推開鴿媽媽，然後盜取鴿蛋，冷不防被機警的鴿媽媽猛地啄了一下手背，茵茵還未看清楚牠如何「出口」襲擊，便已經受襲；牠更隨即站起來，張開翅膀，伸長脖子，作勢又要啄過來。

「哎唷！」

茵茵遇襲，立即縮手，一邊在被啄的手背上吹氣，好像吹口氣，痛楚就會消失似的；一邊走到廚房對媽媽說：

「媽媽，白鴿蛋可愛極了，我想把牠們拿進屋玩。」

對茵茵提出的鬼主意，媽媽驚訝得瞪大了眼睛：

「拿進屋玩？傻丫頭！你知道嗎，每隻鴿蛋誕生後，都要經過鴿爸爸鴿媽媽輪流孵養，才能孵化成小鴿，你現在取去鴿蛋，想自己孵蛋不成？」

「好呀，孵蛋還不容易？坐在蛋上便成！」茵茵是個頑皮的小傢伙，最愛嘗試新玩意。

「你這傻丫頭，鴿子生蛋後，要經過十幾天的孵化，雛鴿才能破殼而出呢！你可有耐性坐在鴿蛋上十八天？」

天！孵蛋十八天！學也不上？覺也不睡？遊樂場也不能去？這怎麼成！活潑蹦跳的茵茵這回寧願接受耐心等候

的考驗了。

夜襲

茵茵在日曆上塗劃着，記着小鴿子破殼的日子。

到第十八天的大清早，茵茵在睡夢中被陣陣吵鬧聲驚醒，是鴿子的咕[3]叫聲，夾雜着刺耳的貓喵[4]聲。

茵茵跳下牀來，連拖鞋也不穿，跑到客廳上，只見窗外來了一隻大黑貓，全身黑色，貓毛聳豎，尾巴高高翹起，正伸出利爪要襲擊鴿子。本來鴿子最怕貓，一見貓便該狂飛逃命，但奇怪，這對鴿子卻死命地護着鴿蛋，在肆虐的惡貓面前毫不退避。

看那隻貓，也似乎志在蛋而不在鴿，前腿虛張聲勢，作勢欲擊，實際上卻想乘隙攫抓[5]鴿蛋。

茵茵救鴿心切，爬上小几上，不假思索，伸手出窗外，一手抓住貓尾，卻冷不防黑貓一個轉身，反手就向茵茵抓去，嚇得茵茵一個縮手，向後栽跌，哇哇的哭起來。這時黑貓也就逃竄得無影無蹤。

酣睡中的爸爸媽媽被驚醒，聞聲趕來，抱起茵茵。茵茵仍然在嗚咽不止，窗外的鴿子卻早已氣定神閒地坐在花盆中，花盆邊有半截被扯落的羽毛。牠們已經受傷啊，為什麼可以這樣的若無其事？茵茵看着那半截羽毛，若有所思似的止了哭聲。

破殼

今天，真是多事的一天。「貓襲記」剛上演完，爸爸媽媽便忙着收拾行裝，要到外地公幹去了，茵茵在機場吻別了爸媽，隨公公婆婆回到家裏來，發現窗外兩隻鴿子都不再坐在花盆中，而是站在花架上，現出神氣狀。哈！難怪！萬年青葉下的一隻鴿蛋，已經現出裂痕，裏面有一個黑影正用力地啄着、啄着，用力地啄開「生命之門」。誰說只有人類小生命的誕生要自己用勁擠出母體？小鳥何嘗

不需要自己付出努力，掙扎來到世上？

啄了一會，殼上的裂縫仍未夠大，不足以讓雛鴿鑽出來，是啄得累了吧，「牠」驟然停止動作。小孩子最憐惜小生命，茵茵情不自禁地叫嚷起來，拍着窗花為雛鴿打氣：

「努力啊！繼續努力！」

鴿爸爸轉過頭來，惡狠狠的瞪着茵茵，羽翼欲張，作勢欲動，嚇得茵茵連忙退後，罵道：

「忘恩負義！今天早上我才幫過你的大忙呢！」

出來了，一隻小傢伙努力地從殼縫中鑽出來了！咦，怎麼又瘦又黑又小又濕濡濡的？牠才一離殼，身子還軟軟的，眼睛還未張開，便嘗試着要站起來，一站起來便跌倒，才跌倒又掙扎着要站起來，同時還不停地伸長脖子，張大嘴巴，吱吱索食。

這時，鴿爸爸「嗖」的一聲飛走了，直到傍晚才銜着食物飛回來。

過了一天，第二隻雛鴿亦破殼而出，說來奇怪，鴿媽媽這時也一聲不響地飛走了。

救雛

茵茵見機不可失，立即急不及待地伸手出窗外，也不計較雛鴿身體的黏膩[6]，輕撫着牠們又瘦又醜的身軀，感受着目睹小生命誕生的喜悅，還像母親逗嬰孩般撫摸着牠們說：

「BB 乖，媽媽很快便會回來的……」

下午，風雲驟變，窗外傳來「隆隆」的雷聲，不久，更倒下傾盆大雨來。那片看來巨大，堅挺的萬年青，在大自然的蹂躪[7] 下，顯得柔弱不堪，實在不能負起為小鴿子擋風頂雨的責任了。它們隨風搖擺，搧動豆大的雨點迅速地滑落，本來已經濕濡濡的瘦小身軀，更是渾身濕透了。這對小生命，是那樣的徬徨，那樣的無助！

可是，鴿爸爸鴿媽媽卻仍然未回來。

這時候，茵茵立定主意，毫不猶疑地用卡紙摺了個盒子，墊上一塊最漂亮的手帕兒，再剪了些紙碎鋪放在上面，算是為雛鴿兒造個舒適溫暖的「窩」吧。然後，爬上小几，打開窗花，伸出手來，要把雛鴿提到盒中。糟！一抓之下，只覺雛鴿柔軟無骨，像稍一用力便會將牠們揑碎

似的，但如果不用點力，牠們又滑溜不留手。茵茵不敢造次，小心翼翼地將牠們掬[8]在掌中，一次一隻，毫無抵抗力的雛鴿，又那是茵茵的「敵手」？

「茵茵，你伏在窗前幹什麼？危險啊！剛從廚房出來的婆婆失聲叫問，嚇得茵茵手一鬆，雛鴿便從指縫中掉下去。

「哎，婆婆，我在營救小鴿子啊！」茵茵好不容易才掬起雛鴿，被婆婆一喝，驚慌中失了手，怎不叫她生氣，撅起嘴[9]來？

窗外，「隆隆」的雷聲再次響起來，還伴着閃電，婆婆見茵茵俯伏窗前，髮濕手濕，怕她着涼，立即毫不猶疑地伸出協助之手，婆孫二人合力將雛鴿移到屋裏來。

現在，茵茵可忙碌透了，用小毛巾給雛鴿拭去雨水啦，給水牠們喝啦，給麪包屑牠們吃啦，就像一個母親照顧她的嬰孩一樣忙碌，一樣熱情，一樣細心。

雨停了，鴿爸爸鴿媽媽也雙雙飛回來，還來不及抖落身上的水珠，便因發覺萬年青葉下不見了雛鴿而咕叫起來，當牠們發現雛鴿被「盜」到屋內時，便拚命的衝啄着玻璃，像要破窗而入似的。茵茵有心收留鴿子一家。央求

婆婆打開窗戶，讓鴿爸爸鴿媽媽也一併進來，可是，人影一晃動，兩隻鴿子便飛走了。

這種情景，在以後的日子中，每天都要發生幾次，茵茵看見，總會很不以為然的嘀咕[10]說：

「屋裏又溫暖又清潔又安全，有什麼比不上那又濕又髒又危險的萬年青花盆呢？！」

失蹤

這天，茵茵放學回家，赫然發覺紙盒中的雛鴿不見了，撲到窗前，咦！窗外萬年青中也不見兩隻雛鴿的影蹤！茵茵連忙呼叫公公婆婆，老幼三人在屋裏忙得團團轉，櫃後牆邊的翻找。忽然，茵茵似乎聽到一兩聲細小的啁啾[11] 聲，在放紙盒的矮牆櫃上發出，連忙循聲去找，哈！兩隻小東西原來蹦跳在生果籃裏生果堆中！這時，茵茵知道，紙盒子再容不下了兩隻小傢伙了。

公公說：「雜物房中有個舊鳥籠，讓我拿來作雛鴿的新房子吧。」

茵茵將雛鴿的新房子掛在窗前，用意是引鴿爸爸鴿媽

媽進來，一家團聚，可是對方毫不領情，總是站得老遠的眮[12]着屋內，雛鴿的啁啾聲更響了……

綠眼

一星期過去了，雛鴿老是提不起勁吃東西，更遑論跟茵茵玩？而茵茵呢，也似乎熱情已過，亦顯得沒有心情逗小鴿子了。

當然啦，一星期了，爸爸媽媽還不回來，白天忙着上學，做功課，看心愛的電視節目，心情還好過一點，但每到晚上，一倒在牀上，茵茵便想起爸爸媽媽每天晚上笑容滿臉地來看她，在牀邊為她讀故事，為她蓋被、關燈，還大家擁抱親吻，互道晚安……可是，現在呢？

公公婆婆當然慈祥親切，對自己呵護備至。說真的，跟公公婆婆生活，不是有更多機會去麥當勞吃薯條？去玩具反斗城買玩具麼？但為什麼一到夜裏，一到牀上，便這樣的輾轉難安？媽媽甜美動聽的聲音呢？爸爸溫暖和給人安全感的大手呢？茵茵摟着她的洋娃娃，想着，想着，不覺眼眶兒濕了！

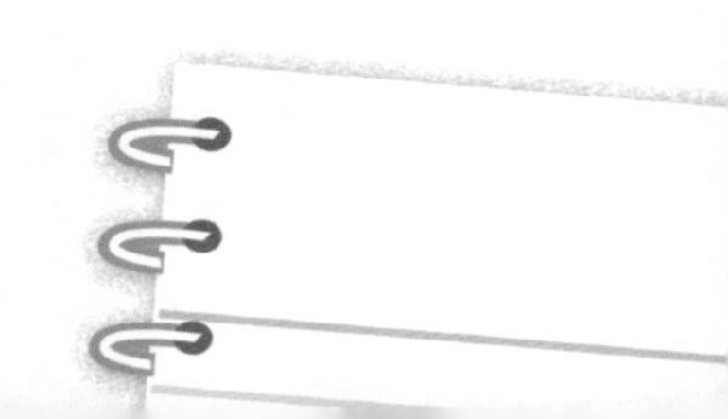

朦朧中，茵茵聽見陣陣微弱的呼叫聲：

「爸爸、媽媽，救命啊！」

茵茵立即起牀，循着聲音搜索，走廊黑黝黝的一片，什麼也看不到，紛亂的物件碰撞聲、攫抓聲和淒厲的哭叫聲混在一起，從大廳中傳來：

「爸爸、媽媽，救命啊！」

茵茵躡手躡足前行，平日挺怕黑的她，不知那來的勇氣，摟着她的洋娃娃壯膽，也不去喚醒鄰房中的公公婆婆，自己一個人摸黑到廳中。

在月色的掩映下，茵茵赫然看見廳中窗戶大開，有兩隻，是兩隻綠色的大眼睛，在空中晃動，咦！那可不是掛鳥籠的位置？不錯，兩隻綠眼正趴在鳥籠上，壓得籠子嘎吱⑬ 作響，籠中的雛鴿咻咻⑭ 哀啼。

茵茵踮着腳，「啪」的一聲——亮了電燈，只見雛鴿驚慌惶恐，在籠中拍着小翅膀躲閃。鴿爸爸媽媽卻不知何時已飛進屋中，忙亂的圍着鳥籠飛撲。綠眼怪客很不客氣，貓掌橫掃，貓爪直攫……好一場強凌弱！茵茵看得膽顫心驚！她怕貓，貓的兇殘相使她震懾；但她愛小鴿，小鴿的險況令她擔憂。

也許是綠眼傢伙見有人出現，燈光大亮吧，倏地一躍[15]，向窗外逃之夭夭。就在這時，「砰」的一聲，鳥籠摔跌地上，籠柵竹枝折斷，籠門大開！鴿爸爸鴿媽媽俯衝而下，掩護着踉蹌爬跌的小兒女……

是驚慌過度？還是被鴿子親情感動？茵茵忽然嚶嚶的哭起來。

公公婆婆被驚醒了，揉着惺忪睡眼踱到廳中，立即被眼前的「戰後」情景嚇呆了：

「到底發生了什麼事？」

茵茵邊哭邊將事情經過敘述了一遍，婆婆把她摟得緊緊的，在懷裏。

良久，茵茵定下神來，下定決心說：

「小鴿子，你還是回到自己爸媽懷抱去吧，我以為自己收留你們，是保護你們，愛護你們，但現在我知道了，你的爸媽才是你們最好的保護者。我相信你們也寧願回到自己父母身邊。」

二老一少，合力收拾已被砸破的鳥籠，捫起雛鴿放回萬年青盆中。說也奇怪，今次鴿爸爸鴿媽媽像懂人性似的，並沒有作出什麼對抗行動，反而先乖乖地飛出窗外，

站在花盆邊咕着「歡迎之歌」。

再見

就在這時候，茵茵聽到有人用鑰匙開門的聲音。

「這麼晚了，是賊麼？」茵茵失聲問道，公公婆婆卻笑而不語。

門開了……

「爸爸！媽媽！」茵茵急不及待地撲上去。

爸爸立即伸出大手，一把將她抱起來：

「哈！小傢伙，不見一星期，又長高了！長重了！」

依在爸爸懷中 ，摟着爸爸的頸，貪心的茵茵同時拉着媽媽的手，親着媽媽的臉，她開心極了。忽然，小眼睛一轉，想起了什麼似的，望向窗外，見雛鴿也正依偎着鴿爸爸、鴿媽媽，甜甜的睡了，茵茵揮動小手，輕聲的說：

「小鴿子，再見！再見！」

爸爸聽不清楚，睜大眼睛，愕然地捧着她的小臉問：

「什麼？我們才回來，你便說再見？」

「嘻……」

茵茵用開心的笑聲，開始了她的「故事」的敘述。當晚，她躺在爸爸媽媽的中間，睡了甜甜的一覺。

第二天，一睜眼，婆婆便告訴她鴿子一家已經搬走的消息，婆婆還解釋說：

「當然囉，鴿子受過襲擊，一定搬走，另覓安全的地方築巢的。」

「小鴿子，今次真的再見了！」茵茵向窗外揮動小手，滿懷依依地，喃喃的說。

字詞解釋

①**瞄**：注視。讀音「苗」。

②**躡手躡足**：放輕腳步，靜靜地走過。躡，讀音「聶」。

③**咕**：象聲詞，形容鴿子的叫聲。讀音「姑」。

④**喵**：貓叫聲。讀音「苗」〔miu^1〕。

⑤**攫抓**：用爪抓取。攫，讀音「霍」。

⑥**黏膩**：黏，像漿糊或膠水一樣的性質。膩，光滑滋潤的樣子，讀音「利」。此處形容剛出殼的雛鳥的羽毛看來光滑滋潤，摸着卻有黏手的感覺。

⑦**蹂躪**：用腳亂踩亂踏，比喻摧殘。讀音「柔吝」。

⑧**掬**：用雙手捧起，讀音「菊」。

⑨**撅起嘴**：撅嘴，形容生氣時把嘴唇翹起的樣子。撅，讀音「決」。

⑩**嘀咕**：小聲或背地裏説話。讀音「敵姑」。

⑪**啁啾**：象聲詞，形容鳥兒的叫聲。讀音「周周」。

⑫**睊**：斜着眼看，表示憤怒的樣子。讀音「眷」。

⑬**嘎吱**：象聲詞，形容物件受壓力而發出的聲音。嘎，讀音「加」〔gat^8〕。

⑭**咻咻**：形容急促喘氣的聲音。讀音「休」。

⑮**竄**：向上跳。讀音「村」。

孫老師悅讀小貼士

用最少的文字撮寫故事，有助訓練我們的專注力和概括力。

閱讀理解練習

（一）試在故事中選出適當的疊詞填入空位上，完成句子。

吱吱喳喳　劈劈拍拍　嘩啦嘩啦
悉悉嗦嗦　淅淅瀝瀝

1. 大雨＿＿＿＿＿＿＿＿地下着，鴿子一家全被淋濕了。
2. 天亮了，鳥兒＿＿＿＿＿＿＿＿地叫個不停。
3. 黑夜裏，婆婆＿＿＿＿＿＿＿＿地摸黑去找茵茵。
4. 雨點正＿＿＿＿＿＿＿＿地敲着窗戶。
5. 深夜裏，客廳傳來＿＿＿＿＿＿＿＿的聲音，十分駭人。

（二）根據故事內容，填好以下十處空位，你便能完成撮寫故事，掌握故事的內容大要。

茵茵的住所窗外花架上的（1）□□□葉子下，住了兩隻（2）□□色的鴿子，牠們下了(3)□枚鴿蛋，要十八天才能孵化成雛鴿。初生的雛鴿身體柔弱，像（4）□□□□似的，茵茵好不容易才將牠們（5）□起來，放到盒中。她之所以盜雛鴿是因為牠們（6）□□□□和（7）□□□兩個原因。後來她因為自己感受到（8）□□□□的痛苦和目睹鴿爸鴿媽（9）□□□的勇毅，於是決定讓鴿子一家團聚。她明白到（10）□□□□□□□，才是真正的愛護對方。

（總字數：164字）

（三）故事中用了哪些字詞描述下列的聲音？請把答案填在空位上。

1. 鴿爸爸鴿媽媽的叫聲：__________

2. 雛鴿的叫聲：__________

3. 貓的叫聲：__________

4. 茵茵的哭聲：__________

愛心校園篇

小鬼捉鬼記

鬼屋傳說

小星升上了一年級，離開了自己熟悉的幼稚園，來到這所陌生的小學，不但沒有恐懼感，反而對學校的每個人、每件事、每個角落，都感到新鮮，都充滿好奇。

開學不久的某一天，小星在禮堂中聽到坐在後排的馬以琪，煞有介事[①] 地低聲和鄰座的呂海欣說：

「我靜靜的告訴你，我姐姐說學校禮堂後面，有間神秘鬼屋。」

呂海欣是個胖女孩，胖嘟嘟的小臉上眼睛睜得大大的，胖胖的小手正掩着圓圓的嘴巴，發出「啊！」的一聲，接着還嚷叫起來：

「鬼屋？！我怕！」

她一邊說着，一邊用胖胖的手掌拍拍胖胖的胸口，作了個「驚驚」狀。

「噓！」馬以琪將食指放在唇上，示意呂海欣小聲

點。這時，坐在她們前後左右的小同學都湊過臉來，想知道她們在談什麼，這時候，講台上老師剛好正講着一個什麼的笑話，令全場哄笑起來，小同學們聽到笑聲，立即又轉過頭去注視台上了，馬以琪和呂海欣的談話亦告一段落。

初探鬼屋

小息時，小星約同新相識的小同學范統、李銘和吳安，鬼頭鬼腦的在禮堂門外出現，像警匪片中警察搜匪的動作一樣，兵分兩路，兩個身體貼牆向走廊張望，提防有人出現；兩個伏在門後向禮堂窺探，看看有沒有老師在裏面。

「快進來，沒有人。」

不知是誰發號施令，總之他們迅速地「竄」了進去，直奔禮堂後面——果然見到一條窄窄的向上通的樓梯！但那兒黑黝黝[2] 的，沒有窗，也沒有燈，看不到前路，范統生得最高大肥胖，卻不知何故，膽子最小，拉着小星的衣袖，怯怯的說：

「我們還是走吧！」

「對，我們先離去，明天每人帶備電筒，再來一探鬼屋。」小星機智，不會冒沒把握的險。

這天上課，幾個小鬼頭表現得心神恍惚，小星更連連發白日夢，想像自己像史泰龍一般勇敢，像鐵甲威龍一般無敵，像悟空般「我喳！喳！喳！」地拳擊腿踢，將鬼屋弄個天翻地覆，把鬼怪打得落花流水……

捉鬼敢死隊

第二天小息，鐘聲一響，老師前腳才離開課室，他們已經從書包中取出電筒，放在袋中（以防老師看到，查問起來便壞事），並且用最迅速敏捷的步伐奔往禮堂。

站在樓梯下，胖胖的范統顯得很緊張，躲在眾人後面；瘦瘦的李銘拿着電筒，很冷靜地左照右射；戴眼鏡的吳安頻頻托眼鏡框，以掩飾他的緊張；小星站在最前面，正在伸長脖子窺望。他們都視線向上，沒有人說話，在「探鬼行動」前的一刻，人人凝神屏息[③]。

「有鬼呀！」

忽然有一把小女孩的聲音在後面響起，嚇得他們都跳了起來，拔腳就往外跑，卻在不遠處見到馬以琪、呂海欣和一個大一點的女孩子。

「嘻！嚇嚇你們，想不到你們這樣膽小！」大一點的女孩子說。

「你是誰？我不認識你！」小星覺得奇怪地問。

「我是馬以貞，馬以琪的姐姐，讀三年級。」

啊！原來就是那個洩露「鬼屋秘密」的高班姐姐。

「姐姐，你去過鬼屋嗎？」馬以琪問她的高班姐姐，面露崇拜的神情。

「沒有，我也是在一年級時聽哥哥說的。」馬以貞神氣地回答。

「你有膽加入捉鬼敢死隊麼？」小星向她挑戰，其實是找人壯膽。

這時，上課鐘聲響了。

「好，明天小息在這裏集合。」

「記得帶電筒。」

「我帶電光槍，鬼見到都怕。」對，電影《捉鬼敢死隊》隊員用的正是強力電光槍。但小學裏的是「小鬼」，

沒有那麼兇猛，用玩具電光槍已足夠吧。

「我家中也有一枝機關槍，很大的，我帶來。」范統搶着說。

「不！學校不准帶玩具回來，你的槍太大，被老師看見會沒收的。」馬以貞老成的說。

李銘做事比較穩重，提議用長間尺。

吳安說：「我用橡筋彈子，放在袋中，不會被發現。」

范統怎會甘心不帶任何武器？他抓頭搔耳的，拚命地想：「我用乒乓球拍！」他想到了，高興得大叫起來。

有鬼呀！

第二天小息，他們又鬼鬼祟祟地閃進禮堂，這次，小星、范統、李銘、吳安、加上馬以琪、呂海欣兩個女孩子，還有大姐姐馬以貞，一共七人，這隊「捉鬼敢死隊」也可算人多勢眾吧。

他們拉拉碰碰的，擠在樓梯下，七枝電筒齊照亮，猛照上面，沒有什麼動靜！小星個子雖小，但夠頑皮，膽子大，一馬當先，摸黑走上樓梯，發覺樓梯上面有一個平

台，平台對面果然有一間小屋，小屋前有扇窗，裏面黑漆漆的，窗子旁邊有一道門，緊緊的關閉着。

馬以貞推推小星，示意他去開門，小星握着他的電光槍，故意扳掣，讓它發出「嘎嘎嘎嘎」的「槍聲」，以壯聲威，然後上前伸手扭門柄，但扭呀扭，死命的扭，始終無法將門打開。

這時，鬼屋內有一把蒼老的聲音，緩聲的問：

「是誰？來做什麼？」

「嘩！鬼呀！」呂海欣首先尖叫起來，其他人也被嚇得擁作一堆。

「嘎」的一聲，門打開了——出現了一隻全身用白色布罩着的「鬼」！

小鬼們被嚇得亂作一團，有的哭將起來，有的倉皇奪路而逃，有的雙腳發軟，釘在地上動彈不得，范統更被嚇得尿褲子，還嚎啕大哭④呢！

「捉鬼敢死隊！以後還敢來嗎？」白布緩聲問道。

沒有人回答，只有哭聲。

鬼話連篇

接着，燈光大亮，校工伯伯出現了，奇怪地問小鬼們：

「你們這班一年級和三年級的小朋友，來這裏做什麼？為什麼哭泣？」

仍然在哭，還手指指，原來「白布」仍然站在「鬼屋」門前搖晃。

校工伯伯轉過頭去，沒有看見什麼，沒好氣地說：

「小息快結束了，回課室吧，這裏危險，以後不准再來。」校工伯伯和藹地說。這時，小鬼們看見白布鬼倏地閃進鬼屋門裏。

校工伯伯轉頭向鬼屋問道：

「馬以偉，你拿了白枱布沒有，為什麼還不出來？」

校工伯伯一催促，馬以偉只好拿着白枱布走出來。

小星一見，立即說道：「是他，我們剛才就是看見他，我認得他的一雙鞋。」

「他做什麼？」校工伯伯問。

「他扮鬼嚇我們。」

「你們又來做什麼？」校工伯伯又問。

「我們是捉鬼敢死隊。」

「這樣，你們為什麼站在這裏哭，不去捉鬼？」

「我們忘記了。」

「忘記了什麼？」

「忘記了捉鬼。」

「為什麼忘記了？」

「因為他嚇我們。」

「他怎樣嚇你們？」

「他扮鬼，我們怕。」

「怕鬼又要捉鬼？」

「我們是捉鬼敢死隊。」七嘴八舌，簡直鬼話連篇……

「喂，小朋友，還不回課室去。」馬以偉又扮蒼老的聲音說，這時，大家紛紛作「驚驚」狀，笑作一團。

在課室，范統神神秘秘的對一班小同學們說：「學校禮堂後面有間鬼屋，住了一隻全身白衣穿波鞋的鬼……」

字詞解釋

①**煞有介事**：像有很重要的事似的。煞，讀音「殺」。

②**黑黝黝**：形容漆黑一片。黝，讀音「柚」。

③**凝神屏息**：形容聚精會神，連呼吸也停止下來的樣子。凝，讀音「迎」。

④**嚎啕大哭**：形容放聲大哭，亦可寫成嚎咷、號啕等。嚎啕，讀音「豪桃」。

孫老師悅讀小貼士

要描述一個景象時，不妨運用想像力，先將景象化為圖畫，變作影像，再選用形象化的文字來描述，以達到生動具體的效果。而且，這更是訓練右腦，使你更聰明的方法。

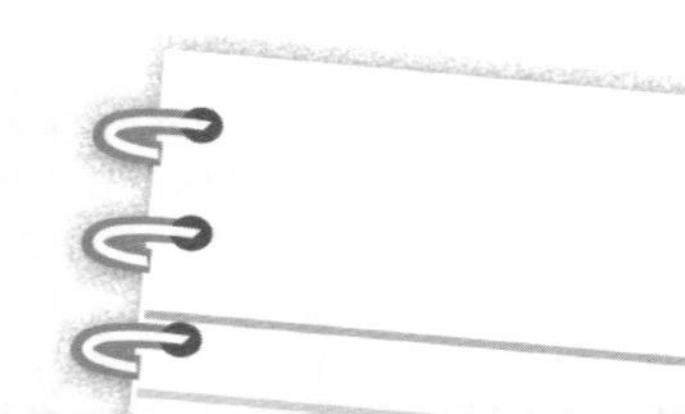

閱讀理解練習

（一）試根據故事內容，回答以下問題：

1. 你能從故事情節中推測出所謂「鬼屋」，是學校的什麼地方嗎？位置在哪裏？

2. 其實所謂鬼怪，是什麼一回事？小星如何知道真相？

3. 你認為，范統為什麼在知道真相後，仍然要散播鬼屋的傳説呢？

4. 試在文中圈出可化作圖畫或影像的描述文字。

（二）試圈出句子中用得不恰當的詞語，並在橫線上寫上正確的詞語。

1. 開學那天，小星在禮堂裏聽到同學若無其事地談論學校的「鬼屋」。 1.____________

2. 小息時，小朋友們傻頭傻腦地在禮堂外集合，要去探「鬼屋」。 2.____________

3. 捉鬼行動前一刻，人人窒息不語。 3.____________

4. 禮堂後面沒有光，黑濛濛的一片。 4.____________

5. 小鬼們被「鬼」嚇得哄堂大笑起來。 5.____________

（三）試將小朋友「勇探鬼屋」的情景用四格漫畫繪畫下來。

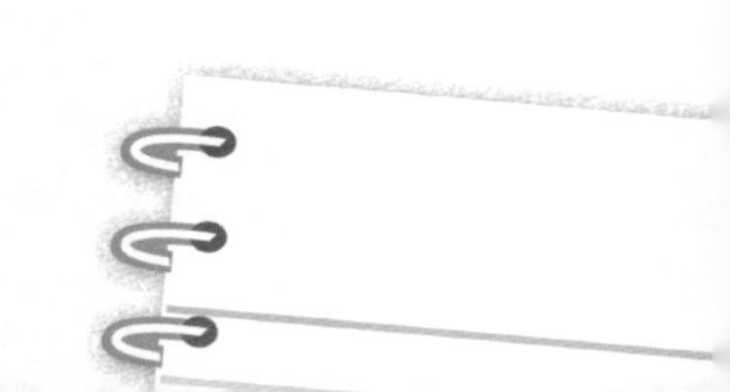

雨衣怪客

神秘人

小朋友，你可是就讀於X區某學校？

你可曾在X區的街頭路上，遇見過一個舉止神神秘秘的雨衣怪客？

他神秘，是因為他可以在任何時刻、任何街角路邊出現！

他神秘，是因為沒有人見過他的真面目！

他每次出現，都罩着雨衣雨帽，雨帽拉得低低的，蓋到眉頭，即使和他碰個照面的人，也只知他蓄着短鬍子，所以是男人；他的雨衣下不見長褲筒，只見毛茸茸[①]的一雙小腿，永遠是那雙花圖案的短啡襪子，和那雙啡中帶黑污穢不堪的「懶佬鞋」。

任何人見到他，都會老遠地避開、彈開，因為怕他「可能」神經失常。誰都會想：何必去冒這個被「神經佬」、「癲佬」襲擊的危險？

許多時候他愛躲在街角，靜靜地，屏息止步，凝神佇立[②]，於是，任何人一轉到街角，準會被他嚇得半死。

其實，他也沒有做什麼，只是靜靜地站在轉角處，他從沒有揚起雙手，跳出來吼嚇人。只是，人們一看見他，卻必定先會自己跳起來，接着「哇」的一聲叫起來，然後拔足狂奔，名副其實的自己嚇自己。這時，雨衣怪客便會嘴角牽動，似笑非笑的。

X區

雨衣怪客名聞X區。

小朋友，我不會告訴你X代表那一區。好奇的小朋友膽大包天，可能會聯羣結隊，故意去尋找雨衣怪客的蹤影；膽小的小朋友會從此害怕了X區，不肯再踏進一步；在X區上課及工作的有關人等，又會產生心理陰影，每天與忐忑不安為伍……有這許多原因，我還是謹慎點，不要透露這區的真實名稱。但我保證，這是一個真實的人物。

怪事

這一天，怪事就發生在X區一所著名的女子學校。

這是一宗真實的個案，所以我不便透露這所女子學校的名稱。

讓我先介紹這所女子學校。女校的學生當然全都是女孩子，學生約一千人；老師絕大部分是女性，男性老師只有二名；校務處職員四女一男，又是陰盛陽衰；連校工也多數是女的，男校工算是罕有動物。校長呢，當然要說說校長，女的，身型雖然嬌小苗條，但衣着入時，永遠是全校中最威風的人物。

這天早上，上課的預備鐘聲響過，學生們魚貫進入操場排隊，忽然，排在最開位置的6A班女孩子首先噪動起來，接着有人失聲大叫，引得全校的人循聲轉過頭去，站得比較遠的也引頸張望，每個人都在問：

「發生什麼事？」

因為鐘聲剛響，校長和老師們尚未出現，6A的女孩子好像被什麼嚇着似的在操場亂走……擾攘了一會兒，仍然沒有人知道正在發生什麼事。

這時，又輪到 5C 的女孩子尖叫起來，出奇地，6A 的反而漸漸地靜下來，只是瑟縮[3] 地後退、後退，好像想找個地方躲起來似的。

而 5C 的人則亂作一堆，有時整羣的往左邊移，擠向 4D 那一邊；有時又成羣的向後方退，退向牆邊。

「各位同學肅靜！」

訓導主任出現了，在操場前面的講台上咆哮。

「發生了什麼事？」

她仍然不知道發生了事，以為女學生們搗亂，破壞秩序。

突然，一年級的小朋友那邊又亂起來，哭聲四起，這時，訓導主任才清清楚楚地見到一個身材不算高大的穿雨衣的人，在學生羣中穿插，學生們驚惶地跑開，更有些放聲嚎哭。

「你是誰？」

「在這裏做什麼？」

女訓導主任喝問道。她平日瞪起眼睛，大聲罵人，兇惡得很，沒有人不害怕的。

雨衣怪客沒有回答，頭也沒有抬一下，依舊在操場隨

意閒逛。

男性老師，男性校工仍未出現。

校長

校長的高跟鞋聲響起了，她的話語透過揚聲器在全校傳開：

「校務處陳主任，趕快報警，叫警察來！」

「德叔，張伯，快來趕走他！」

校長在台上遣兵調將，發號施令，雨衣怪客則一個轉身，向台前徐徐走過去，一步一步接近講台，校長和女訓導主任都在台上……台下的小朋友，漸漸地安靜下來，最後全場鴉雀無聲，每個人的眼睛都集中在同一目標上。

雨衣怪客正緩緩拾級步上講台！台上的校長和訓導主任開始顯得不知所措。

雨衣怪客已站在樓梯最頂級！校長和訓導主任則顫抖着身子向後退，眼睜睜的看着雨衣怪客趨步前來。

男老師

就在這時，兩位男性老師，身材高大的李老師和教常識科的楊老師，剛好趕到操場後面的一個入口處。

「喂！你做什麼？」李老師大喝，大有張飛喝斷長板橋的氣概，他同時急步趨前，楊老師緊跟在後。全場學生紛紛退向兩旁，讓出中間一條通道，方便兩位老師通過。一場好戲正要上演，人人引頸以待。

台上，雨衣怪客頭也不抬，「懶佬鞋」繼續緩步向前，直至走到台的正中，忽然停止不動。正在趨前的李老師和

楊老師也真的反應敏捷，亦同時停止了腳步。雨衣怪客在雨帽下瞄着他們，他們也在台下和雨衣怪客六目相對。台上台下幾千對眼睛，都全部盯着這名來歷不明但鼎鼎大名的怪人物。

雨衣怪客並不理會台上的校長和訓導主任，反而轉過身去，步履穩重的向另一邊樓梯行去，拾級而下，動作不徐不疾，對其他人視若無睹④。李老師和楊老師慌忙從另一邊拾級上台，避免和雨衣怪客碰個正着，口中還虛張聲勢的叫喝道：

「你不要走！喂，你不要走！」

是叫喝聲的威力嗎？只見雨衣怪客忽然行動迅速的移到操場旁的出口，轉眼便不見了影蹤。

警察

原來，在操場前門，校工德叔和張伯帶着兩位警察從大門進來。警察叔叔向驚魂甫定的校長問明原委，立即順着操場旁小門追出去。小朋友仍然站在操場的兩旁，中間仍然空出一條通道，沒有人移動一下，沒有人說一句話，

所有人都變成發呆的木雞[5]，所有人都是無聲的鴉雀。

平日早會，小朋友都愛嘈吵喧嘩，難得全場肅靜。今天，他們是被嚇呆了？還是戲太吸引了？

李老師、楊老師和訓導主任都立了大功，正在安慰校長。其他老師都陸續出現，好奇的問發生什麼事。

李老師清清喉嚨，指揮若定地在揚聲器前宣布：

「今天早會取消，請各位老師帶領學生回課室上課。」

小朋友開始七嘴八舌，向班主任報告，同時自己也說個不停：

「好緊張呀……」

「嚇死人了……」

「那雨衣怪客……」

老師們亦三兩成堆，議論紛紛。

根據事後他們向警察所落的口供——其實沒有人看得清楚他的真面目！每個人都只記得他身穿雨衣，有鬍子，有毛茸茸的一雙腿和懶佬鞋。

盤問

今天真奇怪，好像不用再遵守「排隊要肅靜」的校規。

校長室，校長和訓導主任都已經定過神來，正在盤問守門口的校工張伯：

「那雨衣怪客是怎樣進來的？」

「我也不知道呀，校長，大清早，進進出出的人那麼多，有家長送上學的，有送報紙的，有為小食部送麪包的……這麼多人……」

校長當然不滿意張伯的解釋。

訓導主任當然附和校長的意見。

張伯當然努力自辯。

警察當然要錄口供。

雨衣怪客當然逃之夭夭。

他日後當然會再出現。

在X區的學校當然要戒備。

在X區就讀的學生當然要提心吊膽。

告訴你們，小朋友，昨天我特地到X區視察，果然，就在那邊街角處，我又看見那個雨衣怪客了！

字詞解釋

①**毛茸茸**：形容細毛叢生的樣子。茸，讀音「容」。

②**佇立**：長時間地站着。佇，讀音「柱」。

③**瑟縮**：形容因寒冷或害怕而身體發抖，縮成一團的樣子。瑟，讀音「失」。

④**視若無睹**：看到了，卻像沒有看見一樣，形容不注意或不重視。睹，讀音「倒」。

⑤**發呆的木雞**：形容因恐懼、驚訝而發呆的樣子。

孫老師悅讀小貼士

看故事時要注意不同身分的人，如校長、主任、老師、學生等，看見雨衣怪客的時候，他們的表情、行動、說話等有什麼不同，他們的不同反應如何影響故事情節的發展，這樣能幫助你掌握創造故事情節的方法。

閱讀理解練習

（一）試說明以下人物見到雨衣怪客的反應：

1. 路人——

2. 女學生——

3. 訓導主任——

4. 女校長——

5. 李老師和楊老師——

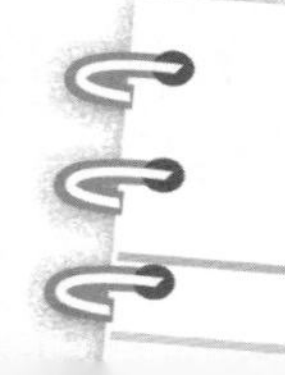

（二）試根據文章內容，回答以下問題。

1. 在文章末段之前，作者連用幾句有「當然」一詞的句子，試在文中圈出那組句子。

2. 這種修辭手法叫做什麼？

   a. 設問法　　b. 排比句　　c. 層遞法　　d. 白描法

3. 試朗讀那組句子，說說這種寫法有什麼好處？（答案可選擇多於一個）

   a. 有趣　　b. 有氣勢　　c. 很特別

   d. 其他 ＿＿＿＿＿＿（請說明）

4. 請嘗試用三個「當然」作一組這樣的句子。

＿＿＿＿＿＿＿＿＿＿＿＿＿＿＿＿＿＿＿＿＿＿＿＿＿＿＿＿

＿＿＿＿＿＿＿＿＿＿＿＿＿＿＿＿＿＿＿＿＿＿＿＿＿＿＿＿

＿＿＿＿＿＿＿＿＿＿＿＿＿＿＿＿＿＿＿＿＿＿＿＿＿＿＿＿

（三）繪畫雨衣怪客從出現到消失的路線圖，以協助警方追查他的下落。

鬼馬課室

不要上課

某著名女校初中某班課室。

「孫老師早安！」

同學們沒精打采的站起來，向剛踏進課室來的中文科老師請安。她們在上一課剛剛完成歷史科測驗，覺得好像轟轟烈烈地打過一場戰爭般疲憊不堪[①]，尤甚是昨晚許多人臨急抱佛腳，「開夜車」溫習，所以一測驗完畢，人人便像洩了氣的皮球，扁扁的趴[②]在桌子上。

「振作點，這課是睡覺課嗎？」孫老師一邊鼓勵，一邊帶笑地責問。

「讓我們休息一會，好嗎？」

「睏[③]死了！」

「不要上課吧，講故事好了。」

「不要講故事，玩遊戲吧。」

她們似乎都不害怕孫老師，紛紛提出要求。孫老師

只是微笑着，不置可否。大家便老實不客氣，七嘴八舌，抒發對上課的抗拒感，有些更放肆地與鄰座同學聊起閒話來。

老師萬歲

孫老師沒有作聲，見她們那種睏樣和懇求相，想起自己少年時何嘗不是一樣？也就狠不了心來，於是說：

「好吧，不上課。沒有嚴肅課題，是講故事和遊戲。」

「孫老師萬歲！」

全場掌聲雷動，許多人高興得跳起來，那有什麼疲倦眼睏？

「咪！靜點，別過分，騷擾了別班同學上課。」孫老師說。

同學立即靜下來，她們都還記得不久前，上孫老師的課，同學反應過於熱烈，課室傳出笑鬧聲，惹來樓上某老師跑來，站在門邊玻璃窗前瞪眼，然後引來校長的翩翩身影的事。

孫老師開始講故事，講的是《聊齋誌異》〈畫皮〉的

故事，有聲有色，繪影繪聲[4]：有一隻女鬼，披着人皮，出現在……連本來已經伏案大睡的王丹霞和吳爾晞也醒過來，全班鴉雀無聲，全神貫注，睡意飄走了，測驗後的卡忑心情也消失得無影無蹤。講到緊張處，人人屏息；講到恐怖處，全場驚慄[5]；講到可恨處，個個咬牙切齒……疲倦呢？睏呢？孫老師口在講鬼的故事，心在暗地偷笑。

畫皮

《聊齋誌異》是中國一本名著，講的是鬼怪狐仙的故事，作者是蒲松齡，〈畫皮〉寫的是一個好色書生，在郊野遇見一位楚楚可憐的姑娘，將「她」帶回家中，結果她是披上人皮的惡鬼，最後露出本來面目，將他害死，幸得他的妻子受盡委屈，求得高人相救，使他重獲再生的故事。

故事結束，孫老師點點頭說：「在這世上，披上各種各樣畫皮的人，到處都有……」全班同學登時譁然，有些頑皮鬼即時指着鄰座同學問：

「你是披着畫皮的吧？」

「這是你本來的面目麼？」

「你那張畫皮呢？」

「你的綠牙呢？」

然後擁在一起，笑作一團。

孫老師清清喉嚨：「各位同學靜一靜。」

好不容易全班靜下來，孫老師便說：

「現在玩遊戲。全班分成六組，每組六人，進行比賽。」

「陳小雯來這一組。」

「李開心，快過來。」

「……」

課室裏登時你叫我喚，招兵買馬，好不熱鬧。鬧了一陣子，終於分成六組，各組精神奕奕，嚴陣以待。

「坐好了吧？第一回合比賽，先測試你們的聽、講、思維能力。每組輪流回答有關內容的問題，每次六題，一人負責一題，人人有份，答錯了或不懂回答的，會得『獎』。」孫老師故意把「人人有份」，「會得獎」幾個字加強語氣，拖慢語速。

「獎什麼？」大家面面相覷[6]，孫老師一定出古怪，

小心為上。

罰我罰我

孫老師從文件夾中取出一疊漂亮的貼紙。

「果然有獎？提防有詐！」性格審慎的同學揣測。

「我要，我要。」性格急躁的舉手叫囂。

「嘿，稍安毋躁，如果你答錯了或不懂作答，一定得到。」

「這麼奇怪？」

「各位小心，此師『古惑』。」

同學紛紛置評，孫老師置若罔聞⑦，繼續宣布：

「比賽開始。」

孫老師開始就故事內容提出問題，大家都悉力以赴，不相信答錯了或不懂回答會有獎，貼紙雖然吸引，但可能是個陷阱，不能掉以輕心⑧。

第一個回合結束，計算成績，第一組，第五組和第六組共有六人失分。孫老師隨即宣布第一回合頒獎：

「貼紙一個，請同學出來領獎。」

「得奬者」戰戰兢兢走出來，只見孫老師將貼紙一枚，交到同學手中，請她們即時貼到面上的任何位置，讓其他同學見到。王丹霞是班中的頑皮鬼，率先將貼紙貼到鼻尖，惹得同學轟然大笑；程方方見狀，也不示弱，把貼紙貼到額中；潘小新貼到面頰上；其他人則貼到下巴、耳珠、髮邊等位置。不同形狀、圖案的彩色貼紙，貼在純真的初中女孩子帶稚氣的面上，滑稽之中又可愛，同學都捧腹大笑。

這一班，是全校聞名最活潑、頑皮，但也是成績最好的一班，最愛搗蛋，也最能接受新玩意，老師們都喜歡她們，因為她們絕不小器，更不會動輒捧出「自尊心受損」的免死金牌。

「好，第二個回合，搶答題。每人都須搶答一題，時間是 5 分鐘，5 分鐘後計分，還沒有舉手搶答的便有『奬』。」

「今次奬什麼？」

怪主意多多的孫老師扮一個「溜着眼睛狀」，然後提議：

「奬可以紮辮怎樣？」

「好，獎紮辮。」班長最愛鬧，立即在班會櫃中取出一盒橡筋圈。

「哈哈！」

「嘻哈！」

全班又哄笑不止，興奮又雀躍。

事情總有例外，人亦是這樣。

校長來了！

班中正在鬧哄哄之際，有人急得淚珠子在眼眶中打轉——是新生程雯，她在今個學期初才從別校轉來，原校校風傳統保守，學生比較被動，所以養成沉默畏縮的性格，開課兩個月了，她仍然未能適應這所學校的開放校風，和個別老師活潑的教學方式。她上課最愛不受騷擾，最好讓她靜靜地聽講，默默地寫筆記，甚至朦朦朧朧地發她的白日夢。現在，她冷眼看着同學：

楊愛美那組本來着着領先，所以沒有人得到貼紙，覺得若有所失，不夠好玩，於是一致決定故意答錯，但求「得獎」。鄰組組長何婉兒也頻打眼色，表示要鬥輸，看那組

紮的辮最多。

「現在是搶答回合，全班搶答，最快舉手者可得答題機會。」孫老師宣布規矩，然後發問：

「故事在開端部分用了疊字的修辭手法，請舉一個例子。」

「月亮皎皎。」何婉兒舉手稍遲，被楊愛美搶到機會。

「你真是亂『搞』。錯，沒有這個詞，獎橡筋一條，

自己紮辮。」

何婉兒將小辮子紮在頭頂上，何婉兒短髮，所以小辮子高高的豎起，樣子已夠趣怪，她更洋洋得意地豎起兩隻手指作勝利狀，逗得其他人又哄笑起來。

「第二題，什麼叫做疊字修辭法？」

「就是重複一句句子。」何婉兒又搶答成功。

「又錯，重複句子叫疊句，疊字是重複使用同一個字。再獎橡筋一條。」

何婉兒在頭髮左前邊再紮一條小辮子，引得全班笑得絕倒，何婉兒也笑作一團，表現得開心又滿足。

程雯本來膽小被動，抗拒參與任何活動，更憎惡懲罰，但見所有同學都這樣投入，如此開心上課，視獎罰如無物，她似乎也漸漸地受到熱烈的氣氛感染，恐懼擔心的情緒緩和下來，而且，奇怪地，漸漸有一種想舉手的衝動，最後她聽見孫老師問：

「這個故事使你印象最深刻的是哪個部分？」

程雯「霍」的一聲舉着手彈跳起來，小心翼翼地說出答案：

「……」

「答得好，不用獎橡筋。」

噢，程雯反而有點失望，後悔自己口快快的說對了答案。

比賽完畢，沒有人計較那組勝利，反而比賽那組得貼紙最多，紮辮子總數最多，那位同學面上貼紙最多，頭上辮子最多，那種愉快、開心的氣氛瀰漫班上每一個角落。

她們是胡鬧麼？老師在浪費時間麼？

不！她們在講故事和問答比賽的活動中接觸了《聊齋誌異》這本名著；她們驅走了倦魔，聚精會神地掌握了〈畫皮〉的內容；她們明明白白地分析了故事的結構、修辭和寫作特點；她們得到了語文聽、講、思維的訓練；她們故意說錯答案，享受被罰的樂趣，但自己隨即作了更正，老師又作了補充，她們用遊戲的方式上了一堂愉快生動的語文課。

其實，校長的翩翩身影早在門外晃動，只不過課堂內氣氛太過熱烈，眾人太過投入，所以沒有人察覺。她看見自己的女兒程雯從膽怯到參與，開心滿意地露出笑容，離開了課室門前，走廊上響起校長高跟鞋輕敲地面的聲音——嗒，嗒，嗒，嗒……

字詞解釋

①**疲憊不堪**：形容極度疲倦、疲乏。憊，讀音「敗」。

②**趴**：身體向前靠。

③**睏**：疲倦，想要睡覺。讀音「困」。

④**繪影繪聲**：形容描述得有聲有色，非常生動逼真。亦可說成「繪聲繪色」。

⑤**驚慄**：本意指感到驚恐以致全身發抖。此處形容感到害怕。慄，讀音「律」。

⑥**面面相覷**：你看我，我看你，不知所措。覷，讀音「趣」。

⑦**置若罔聞**：雖有耳聞，但卻好像沒有聽到一樣不加理會。罔，解作無、沒有，讀音「網」。

⑧**掉以輕心**：對事情漫不經心，不夠重視。掉，讀音「驟」，在這句中不能讀「調」。

孫老師悅讀小貼士

代入人物及情節，想像自己也是故事中的一份子，甚至是其中一位人物，為人物設想處境和問題，思考解決問題的方法，這便是互動閱讀法。它能使你更投入故事，對閱讀產生濃厚興趣。

閱讀理解練習

（一）試根據故事內容，回答以下問題：

1. 同學為什麼不想上中文課？

2. 同學本來疲憊不堪，後來卻變得認真而投入，原因在哪？

3. 校長在門外出現，她本來要來做什麼？什麼原因令她改變主意？

（二）試在文中圈出所有運用了疊字或疊詞修辭法的地方。

（三） 代入角色思考：

1. 如果你是老師，想用盡一切方法令疲乏的同學留心上課，你還會有什麼法寶？
2. 如果你是校長，有人投訴某老師上課的秩序，你會怎樣做？

跟蹤

反斗三人組

俊偉、立邦和兆康三人，是這所位於東區的男校的「反斗星」。

你們千萬不要誤會，以為他們是壞學生，品行差劣，其實他們只是活躍、好動、頑皮、鬼主意多多，但他們這些表現，在思想保守傳統的老師眼中，便是犯規，便是破壞，便是反叛，正因如此，他們成為老師口中的「頭痛人物」，名聞全校。

他們只是中二的學生，十二、三歲的年齡，對中學生活充滿好奇，勇於嘗試，常常做些老師認為不應該做的事。他們曾經試過將生物實驗室飼養的一龜一兔偷偷地捉出來，在學校天台上進行「龜兔賽跑」，他們要用事實證明古代寓言所說的是否正確；他們也曾經將某同學反鎖在洗手間內，嚇得該同學放聲大哭，驚動老師，調查此事，他們便立即挺身而出，向老師解釋說是因為那位同學曾經

誇下海口，說無論發生什麼事，包括天塌地塌，他也不會驚恐，不會流一滴眼淚，他們為了試驗其中的真實性，便設下圈套，使這位同學自打嘴巴。這些事，都使老師啼笑皆非，拿他們沒辦法，往往只好警戒了事。

他們無論做什麼頑皮事，都三位一體，表現得膽識過人，足智多謀，從來沒有顧忌或害怕什麼的。可是今天，俊偉卻緊張得心房怦怦亂跳，立邦則連連搓手，兆康更額角淌汗……像這樣緊張刺激的事，他們以前從未做過。

其實，他們今天也並非蓄意幹這件事，只是事有湊巧，叫他們碰上了！

意外發現

他們的班主任姓歐，是一位三十來歲、尚未結婚的女子。她並不喜歡被稱為「歐老師」，她要求學生叫她「歐小姐」。她最擅長和男生們談「世界盃」足球賽，所以和學生有話題，相處融洽。

小男生們多口，總愛逗她說：

「歐小姐，你這麼年輕漂亮，我們提名你參加香港小

姐競選，好麼？」

歐小姐被逗得笑不攏嘴，就像后冠已戴在頭上一樣地開心，差點沒繞場一周，多謝父母叔伯、同事學生、台前幕後工作人員……

但，這班上的小插曲，和三位小男生的心跳、搓手、淌汗並沒有什麼關係，他們的表現，全只因今天只是上課半天……

放學的時候，男生們蜂擁出校門，跑到巴士站候車。俊偉、立邦、兆康他們本來住在學校附近，根本不用乘搭巴士，只是在昨天，他們已相約今天放學後到銅鑼灣吃薄餅，然後去灣仔逛電腦商場，所以也就在車站出現。

忽然，一向機警的俊偉首先看見歐小姐蹬着她的高跟鞋，朝巴士站徐徐走來，一個怪念頭隨即竄上他的心頭。

車到站了，歐小姐聳身上車，男生們魚貫跟隨。俊偉三人也擠上了車，選了一個在歐小姐後面，不易被歐小姐發覺的位置。

車上，俊偉壓低聲量，悄悄在立邦、兆康耳邊說：

「跟蹤歐小姐，看她住在哪裏，你們可有膽量？」

立邦好奇心重，立即揚眉點頭贊成，表示接受挑戰。

兆康卻有點憂慮：

「不好吧，被她發現，我們準沒命！」

俊偉不屑的道：「大不了被罵兩句！」

「要是她到校長處告狀，那怎麼辦？」

「……」學生們知道，歐小姐一向有「告狀女王」之稱。

此時，立邦神情緊張地說：「喂，你們看，她要下車

了。」

巴士到達北角，歐小姐在人羣中擠了出去，下車，巴士又徐徐開動了。

「有落！有落！」

俊偉大聲叫嚷，巴士司機聽到，立即急剎車，害得全車人左搖右晃，站立不穩，好不狼狽，巴士司機狠狠的罵了一句：

「小子，動作利落點！」

俊偉他們下了車，四處張望，不見了歐小姐，唉！今回可謂白費心機，正互相埋怨着，忽然耳邊響起歐小姐熟悉的聲音：

「咦？這麼巧，你們都在這裏？」

俊偉三人被嚇得心往下沉，心想今回完了，跟蹤人被發現，會有什麼好結果的？！回過頭去，正要張口解釋，卻發覺原來歐小姐背對着他們，跟另外幾個人打招呼。俊偉立即一拉兆康和立邦，閃身躲進一所大廈入口處，靜觀情況。

只見其中一人對歐小姐說：

「你剛放學，還沒有吃飯吧。玩牌可要先吃飽啊！

哈，哈。」

之後，歐小姐和她的三位朋友，聯袂[①] 前行，俊偉他們立即悄悄地尾隨其後，覺得這次行動，絕對是神不知鬼不覺。

膽顫心驚

其實，跟蹤人，是一件令人膽顫心驚的事，一時又怕被發現，心機白費；一時又怕失了對方影蹤，前功盡失，更要時時留心，步步為營；最驚險的是過馬路，既要注意安全，又不能太貼近對方，以免對方察覺。你說，這樣的緊張、刺激、驚險的事，又怎不令三位小男生心跳、搓手、淌汗？

在等候過馬路的一刻，小男生忽然看見歐小姐一個轉身，好像對他們笑了一笑，然後說了一句什麼。接着，只見她走進一間餅店，餅店的玻璃櫥窗和大門，很容易讓店中的人看到街上的情景。俊偉、立邦、兆康他們只好立即背對餅店，佯作[②] 在它隔鄰的生果店買東西。

歐小姐從店裏出來，又和友人一起過馬路去了，好像

毫不察覺他們跟蹤似的，小男生尾隨在後，亦步亦趨[3]之中保持適當距離。可是，在一個彎角，忽然又不見了歐小姐的蹤影。

俊偉一個箭步衝前，在街角處找尋；立邦踮起腳尖，引頸張望；兆康掉過頭來，搜索「獵物」影蹤。三個小男生就像三頭獵犬，在街上忙碌而緊張、機靈而敏捷。

形勢不妙

「你們在找什麼？」

一句嬌滴滴的問話，嚇了三人一跳，臉上像被火燒般乍紅起來。

「你們不是一直在跟蹤我嗎？」

「沒……沒有。」俊偉試圖狡辯。

「就這麼巧，這麼巧吧！」立邦拚命解釋。

「你……你怎麼知道？」兆康閉嘴更好！

歐小姐望着他們的窘態[4]，面無表情，小男生不知她在想什麼，有什麼意圖，但隱隱感到形勢不妙，俊偉首先一個轉身，兆康接着邁開腳步，但是，他們同時聽見：

「歐小姐，請您放手，我以後不敢了。」

糟，反應慢半拍的兆康成了甕中之鱉[5]，被歐小姐捉住衣領，正在求饒，俊偉與立邦當然不會丟下他不理，只好乖乖的、垂頭喪氣的折回，準備行使軟功，「哀求」歐小姐放人。還未開口，歐小姐竟然說：

「跟我來。」

俊偉喜出望外，用手肘碰碰立邦和兆康示意，心想：「這回可以光明正大一探老師居所，明天回學校還不威風八面？」顯出一副得意洋洋的樣子。

電梯升上三字，門打開，是平台停車場，一行人在一輛紅色日本車前停下來，看那部車，俊偉他們腦中只浮現三個字：「殘、舊、髒」。

歐小姐打什麼主意？「遊車河」不成？

只見歐小姐先請朋友取出車匙，打開車尾廂，然後叫小男生一人拿桶，一人拿毛巾和掃，一人拿布和車蠟。

「你們這麼多事，又這樣空閒，最好不過了。這輛車沒有抹拭好幾個月，來，給我抹乾淨，然後上蠟，作為你們這次跟蹤付出的代價！還有，小心要做到最好，如果我不滿意的話，可要再做一遍呢。記住，抹完後不要擅自離

開，待我回來檢查。」

歐小姐和朋友到樓上去了，小男生乖乖地照吩咐去做。當時是下午二時，小男生還沒有進午餐，想起薄餅的美味，更覺飢腸轆轆，只好直吞口水，應付飢餓的折磨。

看看腕錶，啊！已經下午三時了，三人一起工作一小時，三個人就一共三小時，車抹得亮晶晶的，但歐小姐呢？她在哪一層樓呢？這兒是她的住所嗎？車是她的嗎？這些問題，小男生一個都沒有答案。

小男生有的是勇氣，有的是鍥而不捨[⑥] 的精神，餓着肚子抹車，還在商量下次的跟蹤大計：

「下次要好好計畫，以保萬無一失。」

年輕人的可愛處，亦正在此。

字詞解釋

①**聯袂**：表示一起的意思。袂，讀音「謎」〔mɐi6〕。連和聯都有「接續」的意思，但一般用法上，上下相接多用「連」，如連接、連續、連貫、連日等；左右相接則多用「聯」，如聯袂、聯合、聯盟、聯歡等。

②**佯作**：假裝。佯，讀音「羊」。

③**亦步亦趨**：指緊緊跟着別人走。

④**窘態**：難為情的樣子。窘，讀音「困」。

⑤**甕中之鱉**：「甕」是一種陶製的盛器；「鱉」，又稱「甲魚」，是一種爬行動物。在甕中的鱉，比喻在掌握之中，無法逃脱的人或物。甕，讀音「蕹」；鱉，讀音「憋」。

⑥**鍥而不捨**：語出《荀子》。比喻努力不懈。鍥，讀音「揭」。

孫老師悅讀小貼士

從閱讀故事中，學習到文字表面下的言外之意，能使你思想更深入豐富，更能掌握真相。例如作者對故事中的學生和老師，究竟是欣賞還是暗中批評呢？

（一）試根據故事內容，回答以下問題：

1. 俊偉、立邦、兆康三人正在進行一件令他們覺得緊張的事，哪是什麼事？

____

2. 那輛汽車是誰的？請根據故事所述，作出推測。

____

____

3. 文章結尾說：「年輕人的可愛，亦正在此。」總結全篇，年輕人有什麼可愛之處？作者對跟蹤三人組抱持什麼態度？

____

____

____

____

____

4. 小男生跟蹤老師，結果要付出什麼代價？

____

____

（二）試用下列四字詞語造句：

1. 誇下海口：______________________________________

____

2. 自打嘴巴：______________________________________

____

3. 笑不攏嘴：______________________________________

____

4. 鍥而不捨：______________________________________

____

（三）如果要你進行一件冒險的事，你會選擇做什麼？試撰寫一份冒險計劃書。

跳出愛的旋渦

Dora，有男朋友。

Sandy，有男朋友。

Jenny，有男朋友。

Phoebe，有男朋友。

自己的「死黨」，全部都有男朋友。

獨是我沒有。

這，怎麼可能？

這，怎麼可以？

這，不是太沒面子麼？

我，樣子醜陋嗎？

我，衣着老土嗎？

我，性格不可愛嗎？

其實我，樣子不比Dora，Sandy，Jenny，Phoebe差，為什麼會沒有男朋友？

其實我，衣着時髦，髮型新潮，鞋款新穎，甚至所背

的袋子也絕對追上潮流，為什麼會沒有男朋友？

其實我，性格活潑開朗溫柔可愛善良灑脫，為什麼會沒有男朋友？

我不信！

我不服！

我——不依！

Amy 在牀上胡思亂想，闔上眼卻睡不着覺，越想越氣，越想越為自己不值，覺得自己太丟臉了，自己的好朋友，人人都有男孩子追求，惟獨自己沒有！

要想想辦法。

對，要想想辦法弄個男朋友。

可是，去那裏弄呢？

誰可以被弄過來呢？

還有，怎樣弄法呢？

想到這 ，Amy 更睡不着了。

從牀上跳下來，跳到桌前，亮了燈，打開紙，拿起筆，咬咬筆頭，轉轉筆桿，抓抓頭髮——想起了！開始寫：

Peter 表哥　　立即覺得不對勁。於是加上評語：

嘔[1]！

又想起一個：

Stephen	唉，是 Mimi 的男朋友，Mimi 的，不能搶。

再想起一些：

Paul	花心。要不要？ ——還是不要為妙。
Sam	歌唱得好，pop music，可惜生得太矮。要不要？ ——不如不要。
Eric	高大，樣子好看，對女孩子有點辦法，但口花花，最討厭是他愛欺負弱小。要不要？ ——？？？

想破了頭，下不了結論，煩躁起來，大力地在紙上畫着——

煩死了！

很睏，眼皮開始不聽話的下垂、下垂、下垂……

爬回牀上，想哭一場，就好像失戀似的，着着實實，傷傷心心，痛痛快快地哭他一場。

但，討厭，太睏了，眼皮不受控制地闔上，想先擠點眼淚出來也不成，睡魔法力排山倒海的襲來，不消一刻，便睡着了。

還作夢。夢見 Peter 追求自己，就像飲品廣告中那個主角一樣，想親近自己，又害羞，在背後急惶的追呀追，又躲在飲品自助販賣機後面偷望……嘻！好開心。

又夢見 Stephen，和自己拖手仔，說 Mimi 煩，想換畫，Mimi 一巴掌打過來，打得自己滿天星斗。

再夢見 Paul，左擁右抱，大的、小的、肥的、瘦的、高的、矮的……討厭、討厭！

還夢見 Sam，抱着一束花唱情歌，自己撲過去，比他高了一截，窩囊[2]、不襯！笑話！覺得沒有比有舒服。

Eric，是 Eric，溫柔軟語，句句坎入心田，好溫暖，好甜蜜！忽然，看見他起後腳，一腳踢到比他少五歲的小弟弟身上……

鏡頭一轉，一大堆人。誰？爸爸、媽媽、訓導主任 Mrs Lee，班主任 Miss Chan、還有……總之，許多人……圍着她……

「十三歲小女孩談戀愛？太早了。」

「小心影響功課。」

「這是女校，你到哪兒認識男孩子？」

「乖，聽話，勤力讀書，不要拍拖。」

以上的話，誰說哪句，忘記了，鏡頭轉得太快、畫面太亂了。

一夜沒好睡。

第二天遲到。

「為什麼遲到？」—— 答：「昨晚失眠。」

「為什麼會失眠？」—— 答：「想東西。」

「想什麼？」—— 啞口無言。

「到底想什麼？」—— 無話可說。

不盤問了，說：「今早遲到，放學要罰留堂。」

填了一張表，遞過來，吩咐：「打電話通知家長。」初中學生留校是要通知家長的。

打電話到媽媽辦公室，告訴她：「罰留堂。」

「為什麼被罰留堂？」——答：「遲到。」

「為什麼遲到？」——答：「失眠。」

「為什麼會失眠？」——答：「想東西。」

「想什麼？」——沉默。

「到底想什麼？」——低聲答：「沒什麼。」

撅撅嘴，不屑大人們的盤問內容、方式、態度、語氣，完全一樣。

眼眶滾着一點淚珠兒，感到有點委屈。想大哭一場，但似乎又不怎樣痛苦，要大哭是哭不出來的。

放學，去到指定的課室。

Mimi 在。「為什麼留堂？」

答：「欠交功課。昨晚去了拍拖。」Mimi 聳聳肩，好像沒什麼大不了。

Dora 也在。「為什麼留堂？」

答：「上課發白日夢，想男朋友，阿 Sir 連續叫三次，都沒留意。」

Sandy 也在。「為什麼留堂？」

答：「沉醉愛河中，測驗交白卷。」

Jenny 也在。「為什麼留堂？」

答：「上課偷看愛情漫畫，漫畫被沒收，人被罰留堂。」

Mimi、Dora、Sandy、Jenny齊聲問：「Amy，為什麼留堂？」

Amy：……啞然。

想哭。哭自己無辜，男朋友連影子也沒有，竟因「他」而弄致被罰留堂，唉！真個「哭都無謂！」

也想笑，笑自己自尋煩惱，好端端一個活潑開朗溫柔可愛善良灑脫的少女不做，學人求戀愛，今回愛魔纏身，惹出禍來，只怕說出來要「笑掉人的牙」。

留堂之後回家，連忙躲進房中，要把自己關起來，任何人也不想見，卻瞥見桌上留着昨晚胡思亂寫的紙張，上面出現兩行紅色筆的字：

Amy最好的男朋友——Daddy！

願意和Amy分享男朋友的人——Mummy！

字詞解釋

①**嘔**：意即作嘔，香港人引申為令人作吐、不舒服的感覺，有瞧不起的意思。

②**窩囊**：罵人的說話，指懦弱無能、無用。

孫老師悅讀小貼士

讀完故事後，依自己的理解作分析，能加強你的思考力和分析力。例如 Amy 是一個怎麼的女孩子？對她的思想言行，你有什麼看法？你認識的朋友或同學中，有像 Amy 這樣的人嗎？

閱讀理解練習

（一）試根據故事內容，回答以下問題：

1. Amy 一夜沒好睡，以致第二天遲到的原因是什麼？

____

____

2. 為什麼當校方問她想什麼以致失眠時，她會啞口無言、無話可説呢？

____

____

3. 那幾位被罰留堂的同學有哪些共通的地方？

____

____

____

____

（二）排比句使文章流暢，收一氣呵成之效。試用不同顏色的筆，把文中出現的四組排比組句圈出來。

（三） 課堂辯論：「少年人需要異性朋友」

答　案

狼狗的爪與媽媽的手

（一）1. 媽媽看見小聰左腿疊右腿，夾着褲管，人有三急的樣子，立即會心微笑，二話不說，迅速地從背囊中抽出一疊報紙和一個膠袋，提議他到灌木叢後面解決。她自己呢，不用請求，不用提醒，自動自覺地站在路邊替他把風。

2. 郊遊遇到大狼狗襲擊，小聰被嚇得目瞪口呆，雙腿顫抖，不知所措，媽媽不顧危險，奮身相救，擋在小聰前面，任由大狼狗腳擱在肩上，對着她狠皺眉頭，目露兇光，先是齜牙咧嘴，繼而張大嘴巴，露出尖銳恐怖帶濁黃的陰森森的犬牙，還伸出舌頭，大力地噴着氣，噴得她滿臉、滿胸都是唾液和臭氣！自己被嚇得臉色刷白，目瞪口呆，全身震顫，一動也不能動。

3. 以前，小聰覺得媽媽不及爸爸本事，也不喜歡她的囉嗦長氣，常常教訓他，更使他被同學取笑是「裙腳仔」，所以他並不喜歡親近媽媽；發生了大狼狗事件之後，他深受感動，撲到媽媽懷裏說：「媽媽，我愛您！」連爸爸叫他也不理會，只是緊緊拖着媽媽那隻熟悉的、溫暖的、愛他的手。

（二）1. 高大英俊　英偉不凡　學識豐富　為人爽朗　運動健將　樣樣皆能　精通電器　身手矯捷　高大威猛

2. 嬌小柔弱　囉嗦長氣　專橫無理

3. 目瞪口呆　雙腿顫抖　不知所措

（三）自由發揮，答案合理便可。

我愛光頭仔

（一）

第一次哭泣

哭泣的原因（用自己文字說明）	哭泣的情形（抄下原文句子）
我正興致勃勃地玩媽媽送給我的遊戲機，弟弟卻吵着想要，媽媽要我讓給弟弟，我不肯，結果被罵，更將我的遊戲機沒收。	……媽媽，拍起桌子向我大罵，我氣得哭起來。

↓

第二次哭泣

哭泣的原因（用自己文字說明）	哭泣的情形（抄下原文句子）
覺得氣憤，因為媽媽偏愛弟弟。	那天，我獨個兒哭了許久，媽媽卻像全不知情似的，她根本就沒有將我這個十歲的女兒放在心上！

↓

第三次哭泣

哭泣的原因（用自己文字說明）	哭泣的情形（抄下原文句子）
媽媽送弟弟去醫院，我獨自留在家中，晚上覺得害怕，作了噩夢，夢見一隻青面綠眼獠牙長髮的魔鬼要來抱走弟弟。	我從噩夢中驚醒，只見屋中四面灰白白的牆，燈沒有熄滅，牆上映着我孤伶伶的影子，媽媽仍然未回來，我瑟縮在牀角，用被蓋着頭，害怕得啜泣起來。

↓

第四次哭泣

哭泣的原因（用自己文字說明）	哭泣的情形（抄下原文句子）
媽媽從醫院打來電話，傳來嗚咽的聲音，我知道一定是弟弟出了事，覺得十分擔心。	我知道一定是弟弟出了事，媽媽才不能回家，但我又不知道該說些什麼話安慰她，只是抓着電話筒哭起來……

↓

第五次哭泣

哭泣的原因（用自己文字說明）	哭泣的情形（抄下原文句子）
擔心弟弟的安危。	每想到弟弟，鼻子一酸，眼眶一熱，眼淚就要掉下來，我緊握着拳頭強忍着，我不要同學發現！我不要老師知道！

↓

第六次哭泣

哭泣的原因（用自己文字說明）	哭泣的情形（抄下原文句子）
害怕弟弟有危險。	對着飯菜，我也毫無胃口，淚珠兒總在眼眶中打轉，腦海中老浮現小弟弟可愛的憨態。打開功課簿，豆大的淚珠便直淌下來，和簿上的字融成模糊的一片，想不到，弟弟不在，我竟然自己弄污了功課簿！

↓

第七次哭泣

哭泣的原因（用自己文字說明）	哭泣的情狀（抄下原文句子）
弟弟渡過危險期，我祈禱多謝天父，和媽媽互相擁抱，媽媽吻着我，我終於發現，原來媽媽是這樣的愛我；我和媽媽，原來是母女連心，所以流下感動的淚。	這時，媽媽從身後緊緊的摟着我，我感動得熱淚盈眶，回過頭來凝望媽媽，原來她也不能自已，熱淚盈眸。

（二） 1. 陜 → 狹　2. 漲 → 脹　3. 怚 → 袓　4. 慍 → 溫
5. 明 → 名

（三） 自由發揮，答案合理便可。

BMX 單車縱橫記

（一） 1. 住所平台牆上有一塊木板，斗大的字，清楚分明地寫着：「1. 不准踢足球；2. 不准玩滑板；3. 不准騎單車」，宇軒卻破壞規矩，偏要在那兒踢足球，玩滑板和騎單車，還故意把足球踢向列明三大規則的木板，要把它破壞。

2. 宇軒騎單車，有時整個人離座，雙手緊持把手站在座椅上；有時急剎車，使單車嘎嘎作響，嚇得人人側目；有時急轉彎，使車身傾側而不倒，令旁觀者為他揑一把汗；有時意猶未盡，頑皮心一起，更會以全速姿態在人羣中穿插，衝向小朋友羣中，引起孩子們恐慌驚叫。

3. 宇軒頑皮、好刺激，但心地絕不壞，當他發覺自己的單車快撞向那幼童，即時試圖扭軚，可惜單車仍將幼童撞倒地

上，覺得十分內疚，整個晚上，變得很緊張，內心煎熬，還發噩夢，第二天早上，向媽媽認錯，決定登門謝罪。

（二） 1. 威風凜凜　2. 風馳電掣　3. 左旋右踢　4. 左扭右轉
5. 誰與爭鋒　6. 心神不安

（三） 自由發揮，答案合理便可。

養鴿啟示錄

（一） 1. 嘩啦嘩啦　2. 吱吱喳喳　3. 悉悉嗦嗦
4. 淅淅瀝瀝　5. 劈劈拍拍

（二） 1. 萬年青　2. 紫藍　3. 兩　4. 柔軟無骨　5. 搁
6. 被貓襲擊　7. 暴風雨　8. 離開爸媽　9. 救雛鴿
10. 讓鴿子一家團聚

（三） 1. 咕　2. 吱吱　3. 喵　4. 嗚咽

小鬼捉鬼記

（一） 1. 所謂「鬼屋」，是學校禮堂後面的小屋。位置就在禮堂後面的一條樓梯的上面。樓梯上面有一個平台，平台對面就是那間傳說中的神秘鬼屋。

2. 其實所謂鬼怪，是馬以偉用白枱布蓋着自己，扮鬼怪嚇小同學。
小星因為認得白布下馬以偉的一雙鞋，所以知道了真相。

3. 這是小朋友對神秘事物感到好奇的表現。

4. P.76「小星約同新相識的小同學范統、李銘和吳安，鬼頭鬼腦的在禮堂門外出現，像警匪片中警察搜匪的動作一樣，兵分兩路，兩個身體貼牆向走廊張望，提防有人出現；兩個伏在門後向禮堂窺探，看看有沒有老師在裏面……

他們迅速地「竄」了進去，直奔禮堂後面——果然見到一條窄窄的向上通的樓梯！但那兒黑黝黝的，沒有窗，也沒有燈，看不到前路……」

P.79「他們拉拉碰碰的，擠在樓梯下，七枝電筒齊照亮，猛照上面，沒有什麼動靜！小星個子雖小，但夠頑皮，膽子大，一馬當先，摸黑走上樓梯，發覺樓梯後面有一個平台，平台對面果然有一間小屋，小屋前有扇窗，裏面黑漆漆的，窗子旁邊有一道門，緊緊的關閉着。」

P.80「小鬼們被嚇得亂作一團，有的哭將起來，有的倉皇奪路而逃，有的雙腳發軟，釘在地上動彈不得，范統更被嚇得尿褲子，還嚎啕大哭呢！」

（二） 1. 若無其事 → 煞有介事　　2. 傻頭傻腦 → 鬼頭鬼腦

3. 窒息不語 → 凝神屏息　　4. 黑濛濛 → 黑漆漆

5. 哄堂大笑 → 嚎啕大哭

（三） 自由發揮，答案合理便可。

雨衣怪客

（一） 1. 老遠地避開、彈開，因為怕他「可能」神經失常，怕被這個「神經佬」、「癲佬」襲擊；或被他嚇得跳起來，接着「哇」的一聲叫起來，然後拔足狂奔。

2. 排在最開位置的 6A 班女孩子首先噪動起來，接着有人失聲大叫，好像被什麼嚇着似的在操場亂走，最後瑟縮地後退、後退，好像想找個地方躲起來似的；5C 的女學生則亂作一堆，有時整羣的往左邊移，擠向 4D 那一邊；有時又成羣的向後方退，退向牆邊；一年級的小朋友則放聲大哭，亂作一團。

3. 女訓導主任喝問雨衣怪客是誰和做什麼，面對雨衣怪客則顫抖着身子向後退，眼睜睜地顯得不知所措。
4. 在揚聲器中吩咐校務處陳主任報警，並叫校工德叔，張伯趕走雨衣怪客，到真正面對雨衣怪客則顫抖着身子向後退，眼睜睜地顯得不知所措。
5. 李老師向雨衣怪客大喝，同時急步趨前，楊老師緊跟在後。但當快要走到台上時，卻和雨衣怪客保持距離，更故意從另一邊拾級上台，避免和雨衣怪客碰個正着，口中還虛張聲勢的叫喝雨衣怪客不要走！

（二）1. P.70「校長當然不滿意張伯的解釋。
訓導主任當然附和校長的意見。
張伯當然努力自辯。
警察當然要錄口供。
雨衣怪客當然逃之夭夭。
他日後當然會再出現。
在 X 區的學校當然要戒備。
在 X 區就讀的學生當然要提心吊膽。」
2. b
3. a, b, c, d. 容易上口（自由發揮，答案合理便可。）
4. 自由發揮，答案合理便可。

鬼馬課室

（一）1. 同學不想上中文課，是因為她們剛剛完成歷史科測驗，感覺好像經過一場戰爭般疲憊不堪；加上許多人臨急抱佛腳，「開夜車」溫習，所以測驗完畢，便像洩了氣的皮球，扁扁的趴在桌子上。

2. 同學本來疲憊不堪，後來卻變得認真而投入，是因為老師用了講故事和遊戲方式上課，吸引了她們，令她們忘記疲累。
3. 校長本來是來干涉課堂內的教學活動的。
   她看見自己的女兒程雯從膽怯到參與，因而認同孫老師的活潑教學法，所以改變了主意，開心滿意地離開。

（二）疊字：紛紛 / 個個 / 點點頭 / 清清喉嚨 / 面面相覷 / 鬧哄哄 / 靜靜地 / 默默地 / 高高的 / 漸漸地 / 口快快的 / 楚楚可憐 / 精神奕奕 / 月亮皎皎 / 洋洋得意 / 小心翼翼 / 翩翩身影

疊詞：轟轟烈烈 / 戰戰兢兢 / 朦朦朧朧 / 明明白白

（三）自由發揮，答案合理便可。

跟蹤

（一）1. 俊偉、立邦、兆康三人正在跟蹤老師，覺得很緊張。
2. 那輛汽車是歐小姐的朋友的，因為歐小姐請朋友取出車匙，打開車尾廂，取出洗車工具。
3. 年輕人的可愛，就在夠膽大，什麼事都勇於嘗試，卻又沒有惡意；團結而又重情義，出事時不會棄下朋友不理；事情失敗後，不惱不慍，還興致勃勃的商量下次的跟蹤大計。
   作者對跟蹤三人組其實抱持欣賞的態度，所以在塑造他們這三個筆下人物時，也盡顯可愛好玩的一面。
4. 小男生跟蹤老師，結果被罰洗車，連午餐也沒得吃。

（二）自由發揮，答案合理便可。

（三）自由發揮，答案合理便可。

跳出愛的旋渦

（一）1. 她很氣憤自己條件一點也不弱，卻沒有男孩子追求，覺得很沒面子。

2. 因為這全都是她的胡思亂想，並沒有真實發生過，所以連她自己都不清楚，更難說得明白。

3. 她們都因為沉迷男女之間的事，無心向學，或因拍拖而欠交功課；或因上課想念男朋友，發白日夢，被老師責罰；或因沉醉愛河，測驗交白卷；或因上課偷看愛情漫畫被發現等種種原因而被罰留堂。

（二）P.111「這，怎麼可能？
這，怎麼可以？
這，不是太沒面子麼？」

P.111「我，樣子醜陋嗎？
我，衣着老土嗎？
我，性格不可愛嗎？」

P.111「其實我，樣子不比 Dora，Sandy，Jenny，Phoebe 差，為什麼會沒有男朋友？
其實我，衣着時髦，髮型新潮，鞋款新穎，甚至所背的袋子也絕對追上潮流，為什麼會沒有男朋友？
其實我，性格活潑開朗溫柔可愛善良瀟脫，為什麼會沒有男朋友？」

P.112「我不信！
我不服！
我——不依！」

（三）自由發揮，答案合理便可。